国家精品课程配套教材

植物学实验

刘文哲　主编

科学出版社

北京

内 容 简 介

本书由基本实验技能、基础实验、综合和研究性实验,以及附录4部分组成。前两部分为学习植物学必须掌握的基本技能和基础实验。第三部分是将近年来植物学研究中广泛应用的新技术、新方法设计成实验,在教师指导下由学生完成,内容涵盖了植物分子生物学、细胞学、结构与发育、系统进化等研究领域常用的实验技术,以培养学生参加植物科学研究的基本素质,以及分析、解决实际问题的能力。每个实验由背景知识、实验目的和要求、实验用品、实验内容和方法、课堂作业、思考题等部分内容构成。为了更好掌握相关实验技术和实验内容,大部分实验配有插图,书后的附录中列出常用试剂、染色剂及缓冲液的配方,供读者查阅。

本书可作为综合性大学、农林院校和师范院校相关专业大学本科植物学实验课程教材,也可作为广大植物学工作者和植物学爱好者的参考书。

图书在版编目(CIP)数据

植物学实验/刘文哲主编. —北京:科学出版社,2015.6
国家精品课程配套教材
ISBN 978-7-03-044922-1

Ⅰ. ①植… Ⅱ. ①刘… Ⅲ. ①植物学–实验–高等学校–教材
Ⅳ. ①Q94-33

中国版本图书馆 CIP 数据核字(2015)第 126922 号

责任编辑:丛 楠/责任校对:郑金红
责任印制:张 伟/封面设计:铭轩堂

科 学 出 版 社 出版
北京东黄城根北街00号
邮政编码:100717
http://www.sciencep.com

北京虎彩文化传播有限公司 印刷
科学出版社发行 各地新华书店经销
*
2015年6月第 一 版 开本:720×1000 B5
2022年9月第九次印刷 印张:13
字数:252 000
定价:45.00 元
(如有印装质量问题,我社负责调换)

《植物学实验》编写人员

主　编　刘文哲

副主编　赵　鹏

编　者　（按姓氏拼音排序）

　　　　李忠虎　刘文哲　苏　慧

　　　　王丹阳　赵　鹏

前　言

植物是地球生命存在和发展的基础，它不但为人类和其他生物提供了生长发育必需的物质和能量，而且为生命的产生和进化提供了适宜的环境。揭示植物生长、发育和进化的基本规律，有助于人类更好地了解自然、利用自然、保护自然，这就是植物学的核心内容。因此，植物学是一门实验性学科，植物学实验是学生认识植物生命特征，掌握植物学基础理论的关键环节，同时又是培养学生独立思考和理论联系实际能力的重要手段。伴随着生命科学的快速发展和复合型人才的培养需求，我们在对植物学实验教学进行探索性改革的基础上，结合多年的植物学教学实践经验和科研积累，组织编写了本书。本书以植物的系统发育顺序作为编写主线，包括基本实验技能、基础实验及综合和研究性实验 3 部分。前两部分为学习植物学必须掌握的基本技能和基础实验。第三部分是将植物学研究中广泛应用的新技术、新方法设计成实验，内容涵盖了植物分子生物学、细胞学、结构与发育、系统进化等研究领域常用的实验技术，以培养学生参加植物科学研究的基本素质，以及分析、解决实际问题的能力。

本书作为植物学国家精品资源共享课程的配套实验课程教材，除第一部分 10 个植物学基本实验技能外，第二、第三部分共设计有 35 个实验，每个实验由背景知识、实验目的和要求、实验用品、实验内容和方法、课堂作业、思考题等内容构成。为了更好地掌握相关实验技术和实验内容，大部分实验配有插图，书后的附录中提供了染色原理、常用试剂的配制和使用、常用缓冲液的配制，供读者查阅。

本书由参加植物学教学的一线教师刘文哲、赵鹏、王丹阳、李忠虎、苏慧等编写。我们要感谢西北大学老一辈植物学教授积累的丰富教学资料，感谢西北大学教务处、生命科学学院领导的大力支持。

由于作者的知识水平和能力有限，不妥之处还望读者批评指正。

编　者
2015 年 3 月于西安

目 录

前言
第一部分　基本实验技能 ·· 1
　实验一　光学显微镜的使用及维护 ··· 3
　实验二　临时装片及染色 ··· 7
　实验三　徒手切片法 ··· 9
　实验四　显微测量技术 ·· 11
　实验五　整体透明制片法 ··· 13
　实验六　组织离析制片技术 ·· 15
　实验七　冰冻切片技术 ·· 17
　实验八　石蜡切片技术 ·· 19
　实验九　被子植物花图式与花程式 ·· 23
　实验十　植物分类检索表的编制与使用 ·· 25
第二部分　基础实验 ·· 29
　实验十一　植物细胞的基本结构及后含物 ·· 31
　实验十二　植物的组织——分生组织 ·· 36
　实验十三　植物的组织——成熟组织 ·· 40
　实验十四　藻类植物 ·· 45
　实验十五　菌类植物和地衣植物 ·· 51
　实验十六　苔藓植物 ·· 57
　实验十七　蕨类植物 ·· 62
　实验十八　裸子植物 ·· 66
　实验十九　根的形态结构与发育 ·· 71
　实验二十　茎的形态和初生结构 ·· 77
　实验二十一　茎的次生结构 ·· 81
　实验二十二　叶的形态和结构 ··· 84
　实验二十三　花的形态结构 ·· 90
　实验二十四　花药和子房的结构 ·· 93
　实验二十五　种子和果实结构与发育 ·· 96
第三部分　综合和研究性实验 ··· 101
　实验二十六　植物细胞器的荧光标记及观察 ··· 103

实验二十七	植物营养器官的趋同适应及趋异适应观察	106
实验二十八	植物细胞有丝分裂与减数分裂	112
实验二十九	植物染色体核型分析	115
实验三十	植物细胞程序性死亡的 TUNEL 检测	119
实验三十一	植物细胞微丝骨架的活体观察	122
实验三十二	花粉活力与柱头可授性检测	124
实验三十三	花粉体外萌发及花粉管生长的观察	126
实验三十四	人工传粉实验	129
实验三十五	植物花粉管向胚珠的定向生长	131
实验三十六	人工诱导针叶树创伤树脂道的形成	134
实验三十七	校园植物观察与识别	137
实验三十八	校园植物物候期的观测与记录	139
实验三十九	植物总 DNA 的提取	143
实验四十	植物总 RNA 的提取	146
实验四十一	PCR 扩增技术	150
实验四十二	植物分子标记及应用	155
实验四十三	植物遗传多样性检测	171
实验四十四	植物基因组测序原理与应用	174
实验四十五	植物分子系统进化树的构建	182

主要参考文献 187

附录 189

    附录一 染色原理 191

    附录二 常用试剂的配制和使用 193

    附录三 常用缓冲液的配制 198

第一部分
基本实验技能

实验一　光学显微镜的使用及维护
实验二　临时装片及染色
实验三　徒手切片法
实验四　显微测量技术
实验五　整体透明制片法
实验六　组织离析制片技术
实验七　冰冻切片技术
实验八　石蜡切片技术
实验九　被子植物花图式与花程式
实验十　植物分类检索表的编制与使用

实验 一

光学显微镜的使用及维护

植物细胞的直径一般为 10~50μm，肉眼无法观察，因此，必须借助各种显微镜来观察，其中光学显微镜是以人眼可以观察到的可见光（包括紫外线）作为光源进行观察的仪器，是生物科学研究和教学过程中最重要和最常用的工具之一。光学显微镜利用光学成像原理把被观察的物体放大几百倍甚至千倍，从而使人们能够对微小的生物或者生物体的组织和细胞进行观察。从事生命科学的学习和研究，就必须了解光学显微镜的基本构造和性能，掌握正确的使用方法。

一、光学显微镜的构造

光学显微镜种类繁多，结构也繁简各异，但其基本结构主要包括机械部分和光学部分（图 1-1）。

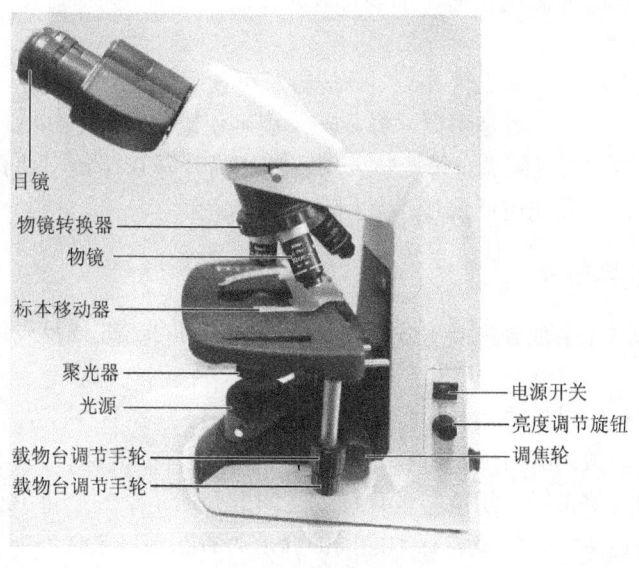

图 1-1　光学显微镜

（一）机械部分

光学显微镜机械部分主要有镜座、镜臂、镜筒、物镜转换器、载物台、标本移动器、粗调焦轮、细调焦轮及亮度调节旋钮等（图 1-1）。

1. 镜座

镜座是显微镜的基座，用以支持镜体平衡，其上装有反光镜或照明光源。

2. 镜柱

镜柱是镜座上面直立的短柱，连接、支持镜臂及以上的部分。

3. 镜臂

镜臂弯曲如臂，上接镜筒、下接镜柱，支持载物台、聚光器和调焦装置。是取放显微镜时手握的部位。直筒显微镜镜臂和镜柱连接处有活动关节，可使显微镜在一定范围内后倾，一般不超过 30°。

4. 镜筒

镜筒一般长 160～170cm。其上端放置目镜，下端与物镜转换器相连。双筒斜式的镜筒，两镜筒距离可以根据两眼距离及视力来调节。

5. 物镜转换器

物镜转换器是固着在镜筒下端的圆盘，其上装有不同倍数的物镜。可以左右自由转动，便于更换物镜。

6. 载物台

载物台是放置切片的平台，中央有一个通光孔，旁边装有固定玻片的压片夹或标本移动器。有的显微镜载物台下装有聚光器。

7. 调焦装置

镜臂两侧有粗、细调焦轮各一对，旋转时可使镜筒上升或下降，以便得到清晰物像，即调焦。大的一对是粗调，每旋转一周可使镜筒升降 10mm，用于在低倍物镜下观察；小的一对是细调，每旋转一周可使镜筒升降 0.1mm，用于在高倍物镜下观察。使用时，必须先用低倍镜，后用高倍镜。

（二）光学部分

光学显微镜光学部分主要有物镜、目镜、聚光器和光源（或反光镜）等（图 1-1）。

1. 物镜

它是显微镜中最重要的光学部件，安装在物镜转换器上，决定了显微镜的质量、分辨率和放大倍数。常见的物镜有低倍镜（4×、10×）、高倍镜（20×、40×、100×），使用低倍镜和高倍镜时，物镜与玻片标本之间的介质是空气；而 100× 物镜称为油镜头，使用油镜头时，物镜与标本之间的介质为香柏油（液体石蜡亦可）。物镜上表面的标记数字表示该物镜的各项参数。

2. 目镜

目镜位于镜筒的上方，不同的显微镜有单目镜与双目镜的差别，目镜的功能是使物镜形成的实像进一步放大，在人眼的明视距离上成一虚像，使之便于观察。目镜放大倍数与物镜放大倍数的乘积为总放大倍数，但目镜的放大作用不是提高显微镜分辨率的决定因素。目镜内可安装一段头发作"指针"，也可安装测微尺。

3. 聚光器

聚光器安装在载物台的下方，可弥补光源亮度的不足，适当改变从光源射来光线的性质，将从光源照射过来的光线聚集在被检标本上，以增强照明。聚光器由透镜组和孔径光阑（光圈）组成，可以通过调节孔径光阑的开口大小来改变视野中物体的明暗和反差。也可以通过聚光器升降螺旋升降聚光器来改变标本的照明度，改变视野的范围。

4. 光源

光学显微镜的光源位于镜座内，通常由照明灯泡、折光系统和一枚聚光器组成，常用高亮度的卤素灯泡，镜座右侧具有亮度调节旋钮调节光线强弱。老式光学显微镜则采用反光镜作为取光设备，反光镜一面为平面镜，另一面为凹面镜，镜体可以在其弧弓支架上自由翻转以调整位置，使光线射向聚光器。

二、光学显微镜的使用与维护

1. 取放

拿取显微镜时，右手握住镜臂，左手平托镜座。将显微镜放置于实验台距边缘 30cm 处，身体的左前方，腾出右侧位置进行观察记录或绘图。

2. 对光

打开内置光源的开关，先用低倍物镜，将光圈开到最大位置，用左眼或双眼观察目镜。调节好光源的亮度，使视野内的光线明亮、均匀又不刺眼。

3. 目镜观察

观察时要睁开双眼，用左眼观察显微镜目镜视野中的像。如果是双筒显微镜，则应睁开双眼观察。

4. 低倍镜使用

将玻片标本放置在载物台上固定好，使观察材料一面正对着通光孔中心。转动粗调焦轮下降物镜至距玻片 5mm 处，接着用左眼（或双眼）注视镜筒，再慢慢用粗调焦轮上升物镜，直到看见清晰的物像为止。

5. 高倍镜使用

由于高倍镜视野范围更小，因此使用前应在低倍镜下选好欲观察的目标，并将其移至视野中央，然后转高倍镜至工作位置。高倍镜下视野变暗且物像不清晰时，可调节光亮度和细调焦轮。由于高倍镜使用时与玻片之间距离很近，操作时要特别小心，以防镜头碰击玻片。

6. 油镜使用

在高倍镜下将要观察的样品移至视野中央，上升镜筒约 1.5cm，然后转油镜至工作位置。在盖玻片要观察的位置上滴 1 滴香柏油，慢慢下降镜筒，使之与油滴接触，然后慢慢调节细调焦轮，上升镜筒到物像清晰。因油镜工作距离非常小（约为 0.2mm），所以这步操作要特别小心，防止镜头压碎玻片。

7. 调换玻片

观察时如需调换玻片，要将高倍镜换成低倍镜，取下原玻片，换上新玻片，重新从低倍镜开始观察。

8. 使用后整理

观察完毕后，上升镜筒，取下玻片，将物镜转离通光孔呈非工作状态，放上擦镜布，按原样收好显微镜。

9. 使用注意事项

①显微镜是精密仪器，使用时一定严格遵守操作规则，不许随意拆修。②随时保持显微镜清洁。观察临时装片时，要将盖玻片四周溢出的水或其他液体用吸水纸吸干净，以免污染镜头。已被污染的镜头要用镜头纸擦拭。③观察时，坐姿要端正，双目同时张开，切勿睁一眼、闭一眼或用手遮挡一只眼。④观察玻片时，一定要按先低倍物镜、后高倍物镜顺序使用。细调焦轮是在观察到物像而不够清晰时使用，切忌沿同一方向不停地转动细调焦轮。

实验二

临时装片及染色

临时装片是将少量新鲜的植物材料（如单个细胞、小块表皮或组织、徒手切片法切成的薄片等）用水封装成临时切片标本的方法。常用的永久制片是用石蜡切片法制作的，植物组织都经过了固定、脱水、透明、石蜡包埋、脱蜡、染色和封装等一系列过程，在显微镜下所观察到的实际上已不是天然的状态了。临时装片是一种简单的制片方法，它不适合长期保存，但制作过程简便、快捷，而且可直接观察到材料中组织、细胞的生活状态和天然色彩。必要时，也可以对临时装片进行染色。

一、制作临时装片的步骤

（一）准备载玻片与盖玻片

将载玻片、盖玻片洗净，用纱布擦干。对载玻片洁净度要求较高时，要将载玻片在洗液中浸泡数小时，再用流水冲洗干净。擦拭载玻片时，用左手的拇指和食指夹住载玻片的边缘，右手将纱布盖住玻片上下两面，反复轻轻擦拭，擦过的载玻片不要再用手触摸其上下表面。盖玻片薄而脆弱，擦拭时要十分小心，一般用右手的拇指和食指隔着纱布捏住盖玻片上下两面轻轻转动，把盖玻片擦净。

（二）放置材料

先滴 1 滴蒸馏水在载玻片中央，再用镊子取一块材料于水滴中。比较幼嫩的材料则用毛笔或滴管取材和放置，以免损伤其组织和细胞。为了便于封片，材料长宽以不超过 1cm 为宜。

（三）封片

将载玻片平放在桌面上，右手用镊子轻持盖玻片，使其边缘与水滴左侧边缘接触,慢慢放平盖玻片,避免盖玻片下方产生气泡。如有气泡产生,可用镊子揭开盖玻片,重做这一步。盖玻片下的水过多,会溢到显微镜上,可以用吸水纸从盖玻片的一侧吸去多余水分。如果水不能在盖玻片下铺满,则容易产生气泡,可从盖玻片的一侧再加一点清水,将气泡驱走。

(四)染色

临时装片如果需要染色,不必揭开盖玻片,可从盖玻片的一侧加 1 滴染液,再用吸水纸从另一侧吸水,使染液在盖玻片下由一侧向另一侧扩散,使整个样品染色。

二、临时装片的保存方法

如果所制作的临时装片需要保存较长的一段时间,可用 30%的甘油溶液代替水来封片。将制作好的装片平放在一个大培养皿中(培养皿底部先垫上一张滤纸),盖上培养皿的上盖。待盖玻片下水分散失一部分后,从盖玻片边缘补充一些甘油溶液,如此反复,直至盖玻片下水分完全挥发,材料完全浸入甘油中。这样处理后的装片称为半永久装片,一般可保存 1 个月以上。

实验三

徒手切片法

徒手切片法是指手持刀片或剃刀,将新鲜材料或经固定的材料切成薄片,然后装片,用于显微观察的方法。此法设备简单、快捷,能及时观察到植物组织的生活状态和天然色彩。在做石蜡切片时,也可先用徒手切片法初步观察其结构,达到有的放矢的效果。同时,在植物组织化学研究上也常用此方法。该方法缺点是切片往往过厚,且厚薄不均匀,切片也不易完整。

一、一般材料的徒手切片

植物的根、茎等长柱形器官或块茎、块根、果实等块状结构在切片时便于手持,是徒手切片的一般材料。对这类材料进行徒手切片的具体步骤如下。

(一)准备

取一小培养皿,盛适量清水(有时需用乙醇或染液等),准备好刀片(双面刀片或剃刀)、滴管、毛笔等工具。

(二)取材和整形

取待切片材料,用刀片将其切修为适合手持的形状。若为柱形器官,如幼根、幼茎等,可截取长度约为 3cm 的一段;若为块状物,如块茎、块根等,可切成长约 3cm,横截面约为 5mm×5mm 的条形。材料整形时一定要注意实验所要求的切片方向。

(三)切片

以左手的 3 个手指(拇指、食指和中指)握持材料,材料的上沿应保持略高于食指,拇指略低于食指,中指顶住材料下端,在切片时配合食指和拇指向上推送材料。右手持刀片,以清水润湿刀面,将刀片平放在左手的食指上,刀口向内并与材料断面平行,右手手臂向后拉动(手腕保持不动),使刀片沿着食指侧沿自左前方向右后方滑行,将材料一次切下。切片过程如此反复,切下多片后,用滴管吸水将这些薄片冲入到准备好的培养皿中。

(四)装片与染色

用毛笔从培养皿中挑选薄而透明的完整切片,置于载玻片上,加水1滴,盖上盖玻片,制成临时装片。如果切片需要染色,可用以下3种方法:①在培养皿中盛放适量的染液,将徒手切下的薄片直接浸入其中。②切下的薄片浸泡在培养皿盛放的清水中,用毛笔捞起后放在载玻片上,加1~2滴染液进行染色。③切片先不经染色,直接以水装片,必要时从盖玻片边缘加1滴染液进行染色。

二、叶片或叶状体的徒手切片

对于过于柔软不易握持的材料,如叶片或叶状材料(如花瓣等)做徒手切片时,可采用一些支持物夹住材料后再进行切片,这样不仅操作较为方便,而且能得到比较薄的切片。具体方法如下:先准备好刀片、毛笔及盛水的培养皿。将支持物(如马铃薯块茎、胡萝卜等)切成长约2cm、横截面约5mm×5mm的条形,在其一侧切出深约3mm的纵长切口。从叶状材料上剪下一宽约2cm、长约4mm的长条,放入支持物的切口中。然后,将支持物连同材料一起做徒手横切,所切出的薄片移至盛水的培养皿中。用毛笔挑选最好的切片(不要附带支持物),置于载玻片上,以水封片。必要时也可进行染色。

实验四

显微测量技术

在显微镜下所观察到的植物组织及细胞，其大小虽然可用绘图及摄影后的放大倍数来表示，但要想知道样品精确的长度、面积或体积，则需要用显微测微尺进行测量。显微测微尺由镜台测微尺和目镜测微尺两部分组成，二者配合使用。

镜台测微尺为一特制的载玻片，其中央封有一个全长为 1mm 的标尺，标尺分为 100 个小格，每小格的长度为 0.01mm，即 10μm（图 4-1A，图 4-1B）。

目镜测微尺为圆形玻片，放在显微镜目镜内，其上刻有直线或网格式标尺。用于测量长度的一般用直线标尺，刻度分为 5 大格，每大格又分 10 小格，共 50 小格（5∶50）（图 4-1C）。用于测量数量和测量面积的为网格标尺，由纵横交错的网格线组成。

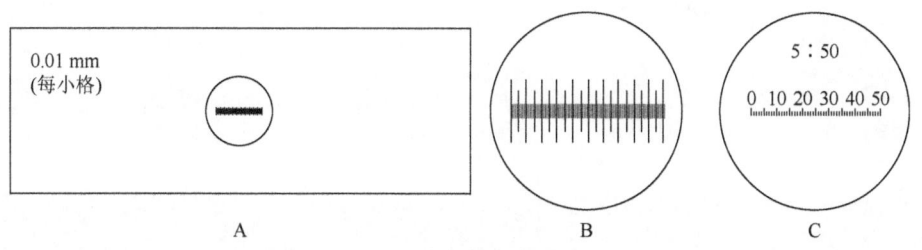

图 4-1　显微测微尺
A. 镜台测微尺；B. 刻度部分放大；C. 目镜测微尺

目镜测微尺的放置：将右侧目镜从显微镜上取下，将接目镜镜片拧下来，将目镜测微尺放置在目镜光栏（镜筒内圆孔状的金属挡片）上，旋紧目镜，此时通过目镜可看到清晰的标尺。

目镜标尺的标定：将镜台测微尺置显微镜的载物台上，移动载物台并转动目镜，使目镜测微尺与镜台测微尺的标尺相重叠，记录目镜测微尺的 50 小格所对应的镜台测微尺的实际长度，按下式计算当前物镜下目镜测微尺的每一小格所代表的微米数（精确到小数点后 1 位）：目镜测微尺每小格格值（μm）=两重合线间镜台测微尺的格数×10μm÷两重合线间目镜测微尺的格数。例如，目镜测微尺重合段为20格，镜台测微尺为16，则目镜测微尺上20小格的长度=16×10μm=160μm；目镜测微尺上的每小格长度为 160μm/20=8μm。由于目镜测微尺每格所代表的长度随物镜放大倍数变化而改变，因此，使用不同物镜时，必须将镜台测微尺与目镜测微尺配合使用，才能确定目镜测微尺的格值。

测量：取待测样品的玻片标本于显微镜下观察，找到目标后，用目镜测微尺测量，记下标尺的小格数，根据目镜测微尺每一小格所代表的长度，计算所测目标的实际长度。为减少误差，应根据所测目标的大小，选择适当的物镜测量，同一样品至少测量3次，求其平均值。

应用一些具有数码显微摄影或拍摄装置的显微镜测量时，可直接利用相关软件进行显微测量，这样更为方便和准确。为了测量的准确性，在换算及测量时，起码测量3次，求其平均值。

实验五

整体透明制片法

整体透明制片法是用透明剂使整块组织变为透明，直接显示其内部结构的方法。具有操作过程简单、快速，尤其是在真实性、整体性和立体观察等方面具有独到之处。较小的材料经透明处理后可直接封片用于显微观察，也可染色后再观察。常用透明剂有乳酸酚溶液（苯酚10g，蒸馏水10mL，乳酸10mL，甘油10mL）及2%～10%的氢氧化钾溶液、水合氯醛等，乳酸酚溶液适用于比较小而柔软的材料，氢氧化钾溶液则适用于稍大或稍硬的材料。

一、乳酸酚透明法制作根尖整体透明封片

（一）取材

剪取植物的根尖（长5～10mm），置于载玻片上。若需染色，可在透明前进行。

（二）透明处理

加1滴乳酸酚溶液于材料上，手持载玻片在酒精灯上稍稍加热，让透明剂慢慢渗透而使材料变得透明。加热时注意掌握温度，可一边加热一边用手指触摸载玻片，感觉到微微发烫即可，勿使材料变干。

（三）封片

轻轻盖上盖玻片，对较细的根尖材料，不必再在盖玻片上施加压力。若透明剂挥发过多，可适当添加乳酸酚溶液再封片。

若采用氢氧化钾透明法，先将材料浸入盛有氢氧化钾溶液小瓶中处理0.5h至数小时。若材料较硬，则需置于40～50℃温箱中处理24h以上。处理完毕，再用蒸馏水漂洗，然后可进行染色、封片。

二、子房整体透明法

（一）取材与固定

将新鲜的水稻或小麦，或其他植物的子房剥出后直接投入 FAA（配方见附录二）或卡诺固定液中，24h 后转入 70%的乙醇中备用。

（二）脱水

各级乙醇脱水，浓度为 70%→85%→95%→100%（两次），每级脱水 2~3h。

（三）透明、装片

将材料放入水杨酸甲酯（methyl salicylate）中 1~2d，可根据子房的大小适当缩短或延长透明时间，取透明后的子房置于凹玻片或普通载玻片上，在干涉差或相差显微镜下观察和拍照。也可在脱水透明前用稀释的苏木精浅染 5~10min，经各级乙醇脱水后，放入水杨酸甲酯中透明 1~2d，在明视野显微镜下观察。

实验六

组织离析制片技术

为了观察单个完整细胞的形态结构，如导管分子、纤维或薄壁组织细胞，可用强酸、强碱或酶将细胞之间的果胶质胞间层溶解，使细胞彼此分离成单个细胞，此制片方法称为离析法。

一、木材的离析制片法

（一）取材

将茎或根等材料用小刀削去木质部以外的部分，切成火柴梗粗细、长约 1cm 的小条，或用小铁锤敲击至扁平而松软。然后剪成长约 1cm 的小段。

（二）离析

将材料浸入盛有离析液（10%硝酸+10%铬酸）的小烧杯中，置于 40℃恒温培养箱中，视材料的不同，处理时间为 4h 至 3d。

在离析处理过程中，适时用滴管或玻璃棒取少许材料于载玻片上，加水 1 滴，盖上盖玻片，以滴管的橡胶头轻轻敲击，若材料较易分散即说明浸渍时间已够。如果浸渍时间不足，可更换新鲜的离析液处理至适度。

离析处理完毕，倾出烧杯中的离析液，用蒸馏水浸洗已离析好的材料，反复多次，直至浸出液不呈黄色为止。将材料转入 70%乙醇中保存，备用。

需要时，取少量材料于载玻片上，加水 1 滴，用镊子和解剖针使其进一步分离为极细的丝状，而后加盖玻片封片，置于显微镜下观察。

二、根尖的离析压片法

（一）取材

可直接从植株上取根尖，也可利用种子或营养繁殖体（如洋葱鳞茎）在实验室中培养出根尖。用根尖材料观察细胞有丝分裂或者进行染色体制片，都要选择生长旺盛的幼根，剪取幼根先端包括分生区的5～10mm部分。

（二）固定

将剪下的根尖放进小瓶中，加入乙醇：冰醋酸（3∶1）固定液中固定30～60min，然后，换入FAA固定液中。如果在野外取材，也可以将剪下的根尖直接投入到FAA固定液中。固定液与固定材料的体积比应大于20∶1，材料在FAA固定液中可以长期保存，随用随取。如果是用作染色体制片的根尖材料，在固定之前需要用秋水仙素、对二氯苯等试剂进行处理，以便于观察染色体。

（三）离析

从固定液中取根尖数个，放入小指管中，加入1mol/L的盐酸约5mL，在37℃水浴中保温60min。如果采用鲜活材料，剪下根尖之后，可以不经固定过程，直接将根尖投入到盛有浓盐酸：95%乙醇（1∶1）混合液的小指管中，室温下处理10～20min即可。为了不影响染色，根尖材料经酸解后要充分漂洗。将吸管（或移液器）插入小指管底部，尽量吸干管中的液体，不要吸走根尖材料，再充入适量蒸馏水，反复3～5次，最后让材料在蒸馏水中停留10～20min。

（四）染色

取已离析好并漂洗干净的根尖材料一两根于载玻片中央，用镊子和解剖针稍加撕裂，再滴加染液进行染色。染色可用乙酸洋红染液、石炭酸品红染液等，一般实验中观察根尖有丝分裂常采用的染液为1%的结晶紫溶液，染色时间为5min左右。如果染色时细胞质被动着色，染色后可用吸水纸吸去染液，加上1滴45%的乙酸溶液分色，细胞质的颜色褪去后，迅速吸取多余的乙酸溶液。

（五）压片

在已染色并经分色处理的根尖材料上加蒸馏水1滴，盖上盖玻片，并覆盖上1层吸水纸，以铅笔上的橡皮头对准材料轻轻敲击，使材料展开成一均匀的薄层。在显微镜下检查压片效果，如果细胞不够分散，可再次对材料施压。要注意压片时按住盖玻片，并垂直于玻片敲击，勿使载玻片与盖玻片之间发生错动。

实验七

冰冻切片技术

冰冻切片是借助冰冻切片机的冷却系统，利用液氮或冷冻剂使生物样品迅速冰冻，达到一定硬度后直接进行切片的一种方法。冰冻切片法可以直接对新鲜活体材料制样，由于不经过化学药品或加热处理，样品中不稳定的物质不受损失，而且制片快捷、方便，近年来在动植物的原位杂交、免疫组织化学鉴定时的生物组织样品制片中发挥了重要作用，此法也可用于常规组织样品的制片。但其难以得到连续性切片，切片较厚，植物组织形态结构较易破坏，制片不易长期保存，因此在应用上具有一定的局限性。

一、冰冻切片机工作状态调试

以 LEICA CM1850 冰冻切片机为例（图 7-1），其主要部件包括恒冷箱、样品冷却系统、切片机和一次性不锈钢刀片（或不锈钢刀）等。在实验前 2h（或 1d）开机，按照使用说明书设置恒冷箱和样品冷却温度（$-20 \sim -18$℃），安装好不锈钢刀片（或不锈钢刀）。

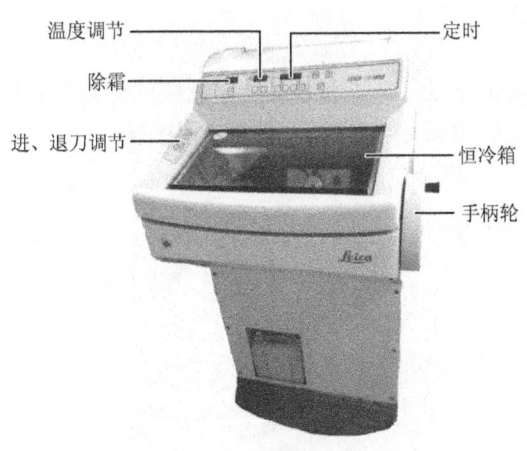

图 7-1　冰冻切片机

二、取材

根据实验目的取样，为避免样品失水，不要将材料置于甲醛、乙醇或盐水中，样品的大小为 2.5mm×1.5mm。在组织结构观察时，材料也可用 FAA 等固定液固定。

三、冷冻

先在样品托（冰冻切片机附属器件）上滴加 OTC 包埋剂（一种常用冰冻包埋剂，也可用 10%明胶或 2%琼脂糖代替 OTC），放恒冷箱中预冷 5～10min，取出样品托，将待切样品固定在预冷后的包埋剂里，再在材料上滴加包埋剂，使材料完全被包埋剂浸没（滴加包埋剂时不要有气泡），将样品托再次放入恒冷箱中冷冻 40min 左右。冷冻时间视材料质地和大小而定。

四、切片

将冰冻好的样品托固定在样品头上，按照使用说明书进刀、退刀，当材料与刀较接近时，间歇按进刀键。打开摇手柄锁，顺时针旋转摇手柄轮 1 圈，即切出 1 张相应厚度（0～60μm 可调）的切片，掀起玻璃防卷板，用载玻片往切片上靠，切片即附着在载玻片上。可以用螺钮左右调节玻璃防卷板。如刀上或挡板上有脏东西时，用预冷的干纱布或卷筒纸擦净。使用切片机时，请勿让切片机的滑动窗口长时间打开，以免其内部结霜，影响切片效果。

五、染色、镜检

将切片置于显微镜下观察，挑选形态结构完整的切片做相应染色处理后镜检观察，如果做原位杂交或组织化学鉴定，则按其程序操作。

实验八

石蜡切片技术

由于植物体积较大且不透明，无法直接在显微镜下观察。要研究植物的内部结构，必须减少样品的厚度及体积，使光线透过样品，这样才可用显微镜观察。通过各种制片方法处理样品后，样品不仅小而薄、完整、透明、保持原有结构，而且具有颜色，容易辨认和观察。石蜡切片法是显微技术上最重要、最常用的一种方法。它是以石蜡作为包埋剂，用旋转切片机将样品切成 8～12μm 厚的连续切片。经一系列处理后，可制成永久存片。

全过程如下：

取样与固定—洗涤—脱水—清净—透蜡—包埋—切片—粘片—脱蜡—染色—脱水—透明—封固（图 8-1）。

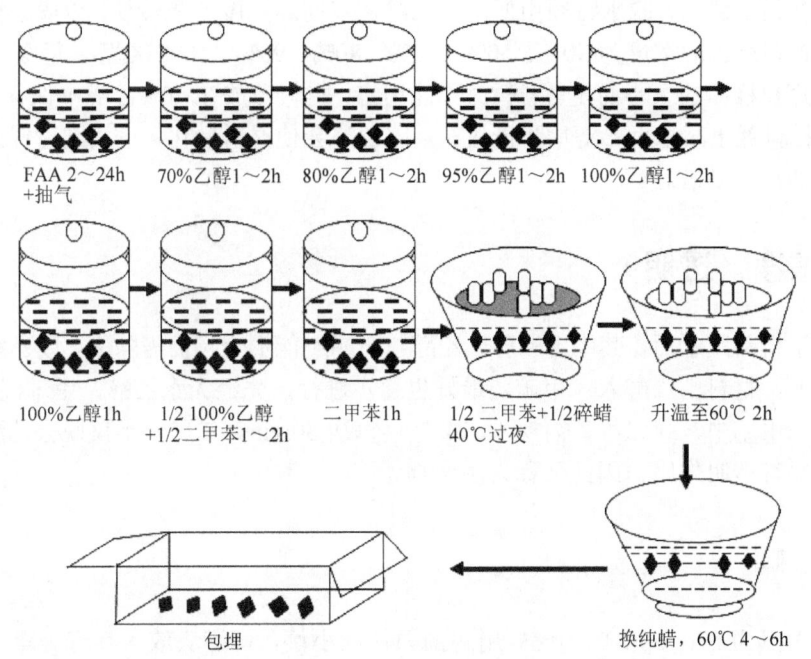

图 8-1　石蜡切片样品固定至包埋过程示意图

一、取样与固定

选择新鲜、健壮、正常、有代表性的材料，分割成 0.5～1cm³ 的小块或片，迅速投入到固定剂中固定。固定的目的是把组织或细胞迅速杀死，使其形态结构尽可能保持在接近生活时的状态。最常用的固定剂是 FAA 或 FPA[甲醛∶丙酸∶70%乙醇=1∶1∶18，V/V]。对于含水较多的细嫩样品可用 50%乙醇代替 70%乙醇。固定剂的量一般为样品的 50 倍。固定时应将样品中的空气抽出，便于固定剂进入样品中。固定时间 2～24h，也可在 FAA 固定剂中长期保存。

二、洗涤

固定结束后，用水或乙醇洗去残留在组织中的固定剂。用水溶液配制的固定液，一律用水洗。凡是用乙醇配制的固定液，一律用同浓度的乙醇清洗。洗涤时间一般为 1～2h，期间更换洗涤剂 2 或 3 次。

三、脱水

材料经洗涤后，脱水时须由低浓度乙醇逐步向高浓度乙醇转换，以脱去样品中的水分，各级乙醇浓度为 30%、50%、70%、80%、90%、100%乙醇，每级 1～2h，时间长短视样品的大小而定。若暂时不能埋蜡，材料可放在 70%乙醇中保存，经久不坏。材料置于高浓度乙醇中不能过久，因乙醇会使材料硬化，过久则材料变得硬而脆，切片时易破碎。

四、清净（透明）

由于材料脱水后，其中含乙醇，乙醇与石蜡不能混合，仍需除去。脱乙醇通常用二甲苯，材料由乙醇入二甲苯，最好也逐步进行，先经无水乙醇二甲苯混合液，再入纯二甲苯中，纯二甲苯需换 1 或 2 次，每次 30min。二甲苯不仅脱去乙醇，并且对材料有透明作用，因此又称为透明剂。

五、透蜡

取熔点为 52～56℃的石蜡，用解剖刀切成小块，将蜡块放入具有等量二甲苯的小酒盅内。放碎蜡块时应在材料和蜡之间隔一纸片，以免蜡和材料直接马上接触，造成材料收缩。然后把盛有材料的小酒盅放入 40℃ 的温箱中，经过 6～10h，然后移入 60℃ 温箱中 1～2h，在此过程中二甲苯逐渐蒸发，石蜡液变浓，然后倒去石蜡，倒入熔化的纯石蜡，经 2～4h 再倒去石蜡，换新石蜡，再经 2～4h 即可包埋。

六、包埋

先准备 1 把镊子、1 盆冷水、酒精灯及打火机，再按需要折几个包埋用的纸盒，纸盒是用较硬而光滑的纸折成，大小依材料而定。先将干净的石蜡倒入纸盒中，用烧烫的镊子将石蜡中的气泡很快赶去，并将石蜡烫均匀，接着把材料倒入，用热镊子将材料按需要的切面及一定的间隔（二者相隔 3～4mm）排列整齐，要使整个材料放平（图 8-1）。材料放好后，轻轻吹气使石蜡表面凝结，然后把纸盒平放入冷水中（或冷板上），使石蜡尽快凝固，否则会使石蜡产生结晶，已结晶的石蜡就不能切片。制成的蜡块剥去纸盒，贴上标签，可以长期贮藏。

七、切片

分割蜡块，使每个小蜡块只具 1 个样品，然后将小蜡块修成正六面体，修块时要将最先被切到的部分留少许蜡，相反的一面蜡要多些，接着把小蜡块贴在木头块上，粘时先把小蜡块的一端涂上一层熔化的废蜡，然后把小蜡块留蜡较多的一头粘在木块上，再用解剖刀熔化少许废蜡在小蜡块四周，使其加固。在此过程中，尽量使材料的切面和刀口垂直。将粘好蜡块的木块夹在转动切片机的固定装置上，然后把钢刀（或刀片）安装在切片机上，调整木块的角度，使材料的切面与刀口平行。接着调整厚度控制器，拨到所需厚度，此时右手摇切片机，蜡块到刀口以后，切片就从刀口落下，由于切片过程中摩擦生热，切下的切片连成 1 条蜡带，此时左手拿 1 支毛笔将蜡带托住，并按次序将蜡片放在蜡带盘中。

八、粘片

切下的蜡带需要粘在载玻片上，在粘片以前必须把蜡带盖好，防止尘土入内，若尘土粘在切片上就会使以后制成的切片上结构模糊不清。粘片时将干净的载玻片中央滴少许粘贴剂，将此粘贴剂用手指在载玻片上涂均，然后在上面滴 1 滴 8% 甲醛水溶液或蒸馏水。用解剖刀把蜡带按所需大小切开，挑起放在载玻片上的水滴中，放置时注意蜡带有光滑和粗糙两面，把光滑一面向下与载玻片粘在一起。接着将浮有蜡带的载玻片放在烤片台上，蜡带受热展开，在此过程中用镊子把蜡带移至全载玻片 2/5 的位置上，用吸水纸吸去多余的水，让它干燥，或者放在 30～40℃的温箱中 1 天，使其干燥。

九、脱蜡

附有切片的载玻片烘干后，放入二甲苯中，在春秋季节需 5～10min，石蜡熔去后，切片材料仍黏附在载玻片上，然后载玻片依次放入 1/2 无水乙醇+1/2 二甲苯、无水乙醇、95%乙醇、85%乙醇、70%乙醇和水中。以上步骤均在染色缸中进行，每级约 1min。

十、染色

石蜡切片的染色方法较多，可依研究目的进行选择。最常用的染色方法是番红与固绿染色法。番红配成 1%的水溶液，固绿配成 0.5%的乙醇溶液（用 95%的乙醇配制）。二甲苯脱蜡后，从高浓度到低浓度乙醇依次复水至蒸馏水后，用 1%番红水溶液染色 1～2h，蒸馏水洗涤后，从 35%、50%、75%脱水至 85%乙醇，固绿染色液染色 10～40s，再依次用 95%乙醇、无水乙醇Ⅰ、无水乙醇Ⅱ过渡。经 1/2 无水乙醇+1/2 二甲苯过渡。

十一、脱水、透明、封固

经上述乙醇系列脱水，二甲苯透明后，用加拿大树胶或中性树胶封片。

实验九

被子植物花图式与花程式

为了简单说明一朵花的结构，花各部分的组成、排列位置和相互关系，可以用公式或图案将一朵花的各部分表示出来。采用字母、数字与符号构成的公式来表示花各部分的数目、联合情况及与子房的位置关系，称为花程式。其优点是简单而易于掌握，书写方便，能够较为全面地体现花的整体特征；缺点是缺少直观性，不能表现各部分成员的形态、大小或排列关系。花图式是用花的横剖面简图来表示花各部分的数目、联合情况，以及在花托上的排列关系。其优点是比较直观，可清楚体现各部分的数目、位置、排列方式与相对大小，一目了然；缺点是不能体现子房的位置。

一、花程式基本书写原则

（1）以☿代表两性花，♂体表雄花，♀代表雌花。

（2）以*代表整齐花（辐射对称），↗代表不整齐花（左右对称）。

（3）以每轮花部拉丁名词的第一个大写字母代表花的各部分：P，花被（perianth）；K，花萼（calyx）（用K表示，避免与花冠重复）；C，花冠（corolla）；A，雄蕊（androecium）；G，雌蕊（gynoecium）。

（4）以字母下角数字代表部分的数目，0表示缺如；∞表示多数（大于10的不定数），数字外加括号代表联合。

（5）子房位置用字母G加横线表示。子房上位在G下面画横线，子房下位在G上面画横线，子房半下位在G上下各画横线。G后面有3个数字用"："分开，第一个数字表示心皮数目，第二个数字表示每个雌蕊的子房的室数，第三个数字表示每个子房室中的胚珠数。

（6）若某一部分不止一轮，可在各轮数目间用"+"相连；若某一部分的数目有多种情况，可在各数目间用"，"分隔。

豌豆的花程式：☿↗$K_{(5)}C_{1+2+(2)}A_{(9)+1}\underline{G}_{(1:1:\infty)}$。

十字花科的花程式：☿*$K_4C_4A_{2+4}\underline{G}_{(2:2:\infty)}$。

百合科花程式：♀*$P_{3+3}A_{3+3}\underline{G}_{(3:3:\infty)}$。

二、花图式

  花图式的绘制并无统一的规则，各教科书采用的方法也不尽相同，常见的绘制方法如下：花轴以"○"表示，绘在花图式的上方；苞片或小苞片用新月形空心弧线表现，绘于花轴的对方和两侧。若为顶生花，则花轴、苞片和小苞片均无须绘出。花的各部位于花轴与苞片之间，花萼用具突起的和具短线的新月形弧线表示，花冠以黑色的实心弧线表示。离生花萼、花冠，各弧线彼此分离；若为合生，则以虚线或实线连接各弧线。要注意花被各轮的排列方式和相互关系。花被若具距，则以弧线延长来表示。雄蕊以花药的横切面表示，应绘出雄蕊的排列方式和轮数、联合或分离、花药开裂方向、与花被之间的相互关系，若为退化雄蕊，则以虚线圈表示。雌蕊以子房横切面表示，应表明心皮的数目、离合情况、子房室数、胎座类型及胚珠着生情况等（图9-1）。

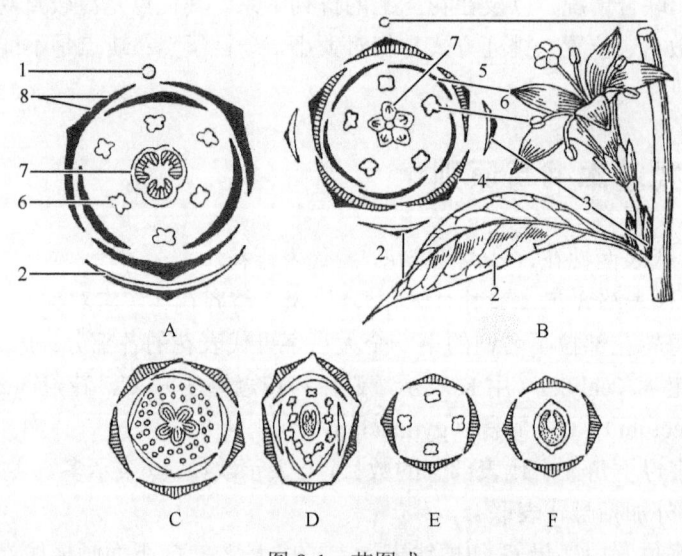

图9-1 花图式

A. 单子叶植物；B. 双子叶植物；C. 苹果；D. 豌豆；E. 桑的雄花；F. 桑的雌花
1. 花轴；2. 苞片；3. 小苞片；4. 萼片；5. 花瓣；6. 雄蕊；7. 雌蕊；8. 花被

实验十

植物分类检索表的编制与使用

植物分类检索表是鉴定植物类群的有效工具，用于鉴别不同植物分类等级和种类，是依据植物的特征，检索植物的一种文字表，是鉴别未知植物的方法之一。

一、植物分类检索表的编制

植物分类检索表是依据植物的花、果实和种子，以及根、茎、叶的主要特征，按照二歧分类原则进行编制的，即比较各种植物或各个分类等级的关键性特征，抓住相同点和不同点，相同的归为一类，不同的归为另一类。例如，种子裸露或包被，单子叶或双子叶，离瓣花或合瓣花，直根系或须根系，子房上位或下位，等等，都可以划分为相对立的两种性状。在每一项下再依据上述原则进行分类，编制相应的项号，逐级往下，直至完成所有归类工作，达到区分各种植物或各个分类等级的目的。

植物分类检索表的排列方式主要有两种：一种为平行式检索表，即相对的两个特征，相互平行排列紧密相连；另一种为定距式检索表，即相对的两个特征，相隔一定的距离。不论是哪种检索表，它们都是以两个相对的特征进行编写的，且两项的号码是相同的，排列的位置是相对称的。

（一）定距式（等距式）检索表

1. 花被 6 片
  2. 小坚果具翅；柱头头状；雄蕊通常 9；内轮花被片在结果时不增大⋯⋯⋯⋯⋯⋯⋯⋯⋯⋯⋯⋯⋯⋯⋯⋯⋯⋯⋯⋯⋯⋯⋯⋯⋯⋯⋯⋯⋯⋯1. 大黄属 *Rheum*
  2. 小坚果无翅；柱头画笔状；雄蕊通常 6；内轮花被片在结果时增大⋯⋯⋯⋯⋯⋯⋯⋯⋯⋯⋯⋯⋯⋯⋯⋯⋯⋯⋯⋯⋯⋯⋯⋯⋯⋯⋯⋯⋯⋯⋯2. 酸模属 *Rumex*
1. 花被 4 或 5 片，很少 6 片（裂）
  3. 灌木
    4. 叶常退化成鳞片状；雄蕊 12～18；小坚果具 4 条肋状突起，有翅或刺毛⋯⋯⋯⋯⋯⋯⋯⋯⋯⋯⋯⋯⋯⋯⋯⋯⋯⋯⋯⋯⋯⋯3. 沙拐枣属 *Calligonum*

4. 叶不退化成鳞片状；雄蕊6~8；小坚果不具肋状突起，亦无翅或刺毛……………………………………………………… 4. 针枝蓼属 *Atraphaxia*
  3. 草本，很少为灌木
    5. 小坚果与花被等长或未露出……………… 5. 蓼属 *Polygonum*
    5. 小坚果超出花被1~2倍…………………… 6. 荞麦属 *Fagopyrum*

（二）平行式检索表

1. 花被6片 ………………………………………………………………… 2
1. 花被4或5片，很少为6片（裂）……………………………………… 3
2. 小坚果具翅；柱头头状；雄蕊通常9；内轮花被片在结果时不增大 ……
………………………………………………………… 1. 大黄属 *Rheum*
2. 小坚果无翅；柱头画笔状；雄蕊通常6；内轮花被片在结果时增大 ……
………………………………………………………… 2. 酸模属 *Rumex*
3. 灌木 ……………………………………………………………………… 4
3. 草本，很少为灌木 ……………………………………………………… 5
4. 叶常退化成鳞片状；雄蕊12~18；小坚果具4条肋状突起，有翅或刺毛
…………………………………………………… 3. 沙拐枣属 *Calligonum*
4. 叶不退化成鳞片状；雄蕊6~8；小坚果不具肋状突起，亦无翅或刺毛 …
…………………………………………………… 4. 针枝蓼属 *Atraphaxia*
5. 小坚果与花被等长或未露出 ………………………… 5. 蓼属 *Polygonum*
5. 小坚果超出花被1~2倍 ……………………………… 6. 荞麦属 *Fagopyrum*

二、植物分类检索表的使用

  植物分类检索表有分门、分纲、分目、分科、分属等多种。可根据具体情况选用不同级别的检索表，较为常用的检索表为"种子植物分科检索表"，适用于种子植物，且仅能检索到科。被查植物究竟属何属、何种，还需分属检索表和植物图鉴的配合。不过能查出科来，范围已大大缩小。具体查法，依下列步骤进行。
  （1）可根据季节，采有花、果的植物数种，如为草本，则采全株；如为大的木本，则采其带有花、果的1个枝条。
  （2）首先仔细观察植物体的外形，着重解剖和观察花、果的结构。如花果太小时，可借助放大镜和解剖镜如实解剖和观察，并写出花程式。
  （3）鉴定时，要根据看到的特征，特别是花和果实的特征，经与检索表上所记载的特征进行比较，如果两者一致则可按项逐次查阅，如果特征与检索表记载的某一项内容不符，则应查阅与该项相对应的一项，如此逐一查阅，直至查出科名为止。

(4) 根据被查植物的特征，如能直接判断属于哪一大类，可直接从大类查起，不必从头检索。

(5) 为了熟悉检索表的用法，初学时，应采用花、果较大的植物练习，因为它便于观察和解剖。观察植物特征时，应以典型材料为依据，不应以个别变异材料为标准，否则将达不到目的。

植物检索表和植物图鉴的种类很多，有全国性的，如《中国高等植物的科属检索表》、《中国高等植物图鉴》、《中国植物志》；也有地方性的，如《秦岭植物志》、《四川植物志》等。在使用时应根据不同的需要，选择所需要的检索表和图鉴或植物志。最好是根据要鉴定植物的产地，来确定检索表和图鉴的范围。如果已知待鉴定的植物是从秦岭采来的，那么利用《秦岭植物志》，就可以解决问题。

第二部分
基础实验

实验十一　植物细胞的基本结构及后含物
实验十二　植物的组织——分生组织
实验十三　植物的组织——成熟组织
实验十四　藻类植物
实验十五　菌类植物和地衣植物
实验十六　苔藓植物
实验十七　蕨类植物
实验十八　裸子植物
实验十九　根的形态结构与发育
实验二十　茎的形态和初生结构
实验二十一　茎的次生结构
实验二十二　叶的形态和结构
实验二十三　花的形态结构
实验二十四　花药和子房的结构
实验二十五　种子和果实结构与发育

实验十一

植物细胞的基本结构及后含物

细胞是构成生命体的基本单位。植物细胞与动物细胞相比，有自己特殊的细胞组分，如细胞壁及质体。通常情况下，由外至内，细胞壁可分为3层：胞间层、初生壁及次生壁。胞间层的主要成分是果胶质，是早期相邻两个原生质体向外分泌的物质。果胶质能被钌红染成红色。初生壁主要由纤维素、半纤维素及果胶质等构成。用氯化锌-碘液可以将含纤维素的初生壁染成蓝紫色。用这个方法可以显示初生壁。次生壁是原生质体停止生长后分泌在初生壁内侧形成的壁物质，常包含有木质素。木质素能被间苯三酚染成红色，因此，用这个方法可以显示次生壁的存在。质体是植物细胞中特有的细胞器，可分化形成叶绿体、有色体等。叶绿体与有色体都属于大型的细胞器，在光学显微镜下能被观察到。叶绿体主要存在于叶肉细胞中，包含的色素主要是叶绿素 a、叶绿素 b。由于这两种色素对绿光的吸收较弱，从而导致叶绿体反射大量绿光而呈现绿色。有色体缺乏叶绿素而含有类胡萝卜素等。根据这些色素的含量及成分，有色体呈现红色、黄色等颜色，如红辣椒果实的红色是由于含有大量有色体的缘故。后含物是细胞在生长分化过程中，以及成熟后由于代谢活动产生的贮藏物质或废物。有的后含物存在于液泡中，有的存在于细胞器内。

一、实验目的和要求

（1）了解植物细胞壁的性质。
（2）了解各种类型的质体。
（3）了解植物细胞内后含物的特点和结构。

二、实验用品

1. 实验材料

洋葱鳞茎，红色的辣椒果实，烟草叶片，鸭跖草叶片，马铃薯块茎及木质茎，植物幼根或幼茎，花生种子，浸泡的小麦、玉米种子，蓖麻种子，柿胚乳永久制片，松茎三断面切片。

2. 药品与试剂

蒸馏水，氯化锌-碘液，66.5%的硫酸钌红水溶液，盐酸间苯三酚溶液，碘-碘化钾溶液，盐酸，硫酸，苏丹Ⅲ。

3. 实验器具

显微镜，载玻片，盖玻片，镊子，解剖针，吸水纸，纱布。

三、实验内容和方法

（一）植物细胞壁的结构及化学组成

1. 纤维素

纤维素是细胞壁中最主要的成分，是由许多葡萄糖分子脱水缩合而形成的长链化学物质。取一片干净的载玻片，用滴管在其中央滴一滴水，取新鲜洋葱叶片，用刀片或镊子撕取洋葱鳞茎内一小块表皮（5mm），迅速将其置于载玻片中央的水滴中。若发生卷曲，应细心用解剖针将其展开，盖上盖玻片。注意盖盖玻片时，应用镊子夹住盖玻片一侧，使另一侧与水滴边缘相接触，慢慢放下，直至放平（空气被挤出，以免产生气泡）。在显微镜下观察自然状态下洋葱鳞茎内表皮细胞壁特征。然后，在载玻片上进行碘-碘化钾溶液染色处理：取 1%的碘-碘化钾溶液滴加在材料上，再加 1 滴 66.5%的硫酸，细胞壁中的纤维素与碘和硫酸作用呈现蓝色。在显微镜下可观察到含纤维素的初生壁呈蓝紫色。细胞壁中的纤维素的成分越多，则蓝色越明显；在次生壁中，纤维已被木质素等覆盖，不变为蓝色。也可以用 I_2-$ZnCl_2$ 试剂滴在植物材料上，含纤维素的细胞壁呈现出蓝紫色。

2. 果胶质

果胶质是构成高等植物细胞间质的主要物质，是胞间层和双子叶植物初生壁的主要化学成分，在单子叶植物细胞壁中含量少。用上述方法对洋葱鳞茎表皮进行钌红溶液染色（时间 30min）。在显微镜下，可见两初生壁间的胞间层呈现红色。

3. 木质素

木质素是芳香族化合物的多聚物。实验时，先将切好的木质茎薄片置于载玻片上，然后进行盐酸间苯三酚溶液染色，切片先滴加盐酸浸透 3～5min，然后再加 5%～10%的间苯三酚乙醇溶液，显微镜下可见红色的木质化细胞壁。根据颜色的深浅可显示细胞壁中木质化的程度。

（二）质体的观察

1. 叶绿体

在解剖镜下撕取一块烟草叶片表皮，放于载玻片上，进行观察。显微镜下，可以看见表皮处带有一些绿色的细胞,这些为撕表皮时带下来的叶肉细胞。仔细观察叶肉细胞中叶绿体的形态。

2. 有色体

用刀片切一薄片红色辣椒。在显微镜下可观察到橘红色的有色体颗粒。

3. 白色体

撕取鸭跖草叶片表皮,做临时装片观察。先在低倍镜下找到表皮细胞和保卫细胞、副卫细胞,然后转换高倍镜,在副卫细胞核周围有一些无色透明的圆球状颗粒即白色体。

(三)后含物的观察

后含物主要是贮藏物质,以淀粉粒、脂类、糊粉粒为主。

1. 淀粉粒

淀粉是植物细胞中最常见的后含物,主要以淀粉粒形式贮藏。取马铃薯块茎一小块,用刀片切去表面氧化层,刮取少许汁液,制成临时水装片,置低倍镜下观察,可见许多大小不等的颗粒,即淀粉粒。选择颗粒不稠密而且互不重叠处,用高倍镜观察。由于淀粉粒未经染色,需要调节光圈大小和细调焦才能观察清楚。椭圆形淀粉粒上有明暗交替的同心圆轮纹围绕着1个核心(脐点)呈偏心排列(图11-1A)。视野中的淀粉粒大部分是具有一个脐点的单粒,还有少量有两个或两个以上脐点的复粒和半复粒。半复粒中央部分每个脐点有各自轮纹,外围有共同的同心圆;复粒脐点只有自己的轮纹而没有共同的同心圆。从盖玻片一侧滴加少量碘-碘化钾溶液,从另一侧吸水,使碘-碘化钾溶液逐渐进入盖玻片下,由于淀粉遇碘能显蓝色或紫色,因此,淀粉粒被染成蓝色或紫色(图11-1B)。

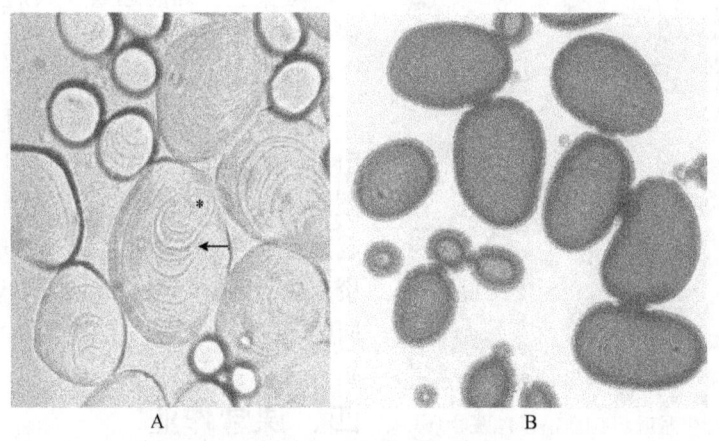

图11-1 马铃薯块茎装片(引自冯燕妮和李和平,2013)
A. 淀粉粒脐点(*)和轮纹(←);B. 淀粉粒碘-碘化钾溶液显色

对比小麦、玉米等植物胚乳细胞的淀粉粒。取已浸泡过的小麦、玉米籽粒，徒手切取部分胚乳细胞，挑选最薄一片，置于载玻片上，制成临时装片，方法同上，比较它们在形状、大小、结构上与马铃薯淀粉粒有何不同。

2. 糊粉粒

糊粉粒是植物细胞中贮藏蛋白质的场所，常以无定形或结晶状态存在于细胞中。取小麦或玉米种子切片，在胚乳最外部找到糊粉层，糊粉层细胞近于方形，排列较整齐，细胞中有许多染色或无色的小圆形颗粒即糊粉粒。还有一类是大型的复合糊粉粒，取蓖麻种子，剥去具有花纹的种皮，用肥厚的胚乳做徒手切片，将较薄的一片放在载玻片上，先滴几滴 95% 乙醇以溶去脂肪，再滴加碘-碘化钾溶液染色，封片后，用低倍物镜观察，可见薄壁细胞中充满被染成黄色的椭圆形的大型复合糊粉粒。换高倍物镜观察一个糊粉粒结构：外蛋白质膜，内包 1 至几个多边形的拟晶体，即蛋白质分子，被染成暗黄色，还有一个无色的，不被染色的球晶体，它不是蛋白质分子，而是无机磷酸化合物与钙、镁结合的盐类。另外，还可以用氯化汞-溴酚蓝法检测，在切片上滴加氯化汞-溴酚蓝 1 滴，5min 后用 0.5% 的乙酸冲洗去切片上多余的染料，再放在培养皿中水洗 5min，然后用甘油封藏，细胞中的糊粉粒被染成鲜蓝色。

3. 油滴

植物细胞贮藏的脂肪，常以油滴形式存在。取一粒花生种子，剥去红色种皮，用刀片切取极薄的切片，放在载玻片上，滴加苏丹Ⅲ（或苏丹红Ⅳ）乙醇溶液染色 15min 以上，制成临时装片，放显微镜下观察，可见花生子叶细胞内有圆球形的油滴被染成橙红色（图 11-2），栓质和角质也同样被染色。脂肪遇紫草试剂显紫红色，遇四氧化锇变黑色。

4.3 种子含物的综合鉴定

以观察油滴的花生切片为材料，在苏丹Ⅲ染色的基础上，加碘-碘化钾溶液，吸去溢出的液体，观察染色后的切片，同时可以看到蓝紫色的淀粉粒、浅黄色的蛋白质核和橙红色的油滴，用此方法可以研究 3 种不同贮藏物质在细胞中的含量和分布情况。

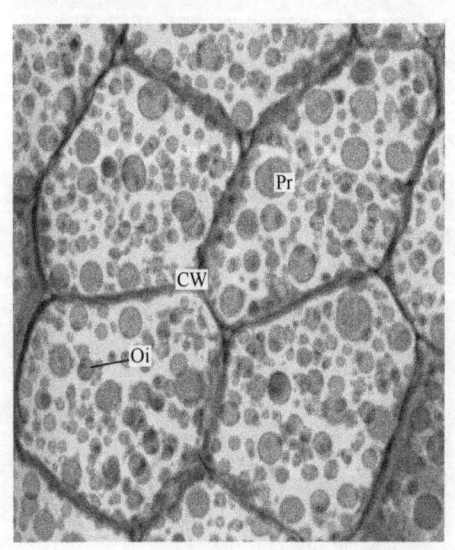

图 11-2 花生子叶纵切面，示贮藏物质
（引自冯燕妮和李和平，2013）
CW. 细胞壁；Oi. 油滴；Pr. 蛋白质

四、课堂作业

（1）绘紫鸭跖草叶表皮细胞图，示白

色体和气孔保卫细胞内的叶绿体。对植物细胞内的叶绿体及有色体进行计数。

（2）绘制洋葱细胞结构。

（3）绘制马铃薯块茎中的淀粉粒。

（4）绘植物细胞蛋白质和脂肪结构图。

五、思考题

（1）表皮细胞中的质体为什么没有发育成为叶绿体？

（2）植物细胞内质体各有何形态结构特点及生理功能？三者相互关系如何？

（3）植物细胞的哪些结构只能在电镜下观察？哪些属膜相结构？哪些属非膜相结构？

（4）淀粉粒中的轮纹是如何形成的？淀粉粒和糊粉粒有什么区别？不同植物的淀粉粒是否相同？

（5）淀粉、脂肪和蛋白质3种代谢产物一般贮藏在细胞的什么部位？

实验十二

植物的组织——分生组织

植物体中具有细胞分裂能力的细胞群称为分生组织，在高等植物体内，分生组织主要分布在植物根和茎的顶端，即根尖和茎尖。其他组织都是由分生组织经过分裂、生长、发育和分化而形成的。正是由于分生组织的存在，特定类群的植物（如双子叶植物）在其一生中都能不断地进行局部生长，这是植物体的特点之一。

一、实验目的和要求

（1）了解分生组织的位置及功能。
（2）了解居间分生组织和侧生分生组织的分布位置及细胞特点。

二、实验用品

1. 实验材料

楝树（或其他树木）枝条，黄杨茎尖纵切片，洋葱根尖纵切片、水稻茎节间基部纵切片，椴树茎横切片，棉花老茎横切片。

2. 药品与试剂

蒸馏水。

3. 实验器具

显微镜、镊子、载玻片、盖玻片、吸水纸。

三、实验内容和方法

（一）根尖分生组织

取洋葱根尖纵切片，在显微镜下，先用低倍镜自下向上找出染色最深、细胞最小的先端部分，这就是根尖分生组织所在的部位，即根尖生长锥。其大致可分为前后两个部分：前端为一群最小、最幼嫩的细胞，没有任何分化，有着强烈持久的分裂能力，称原分生组织；后端细胞已有了初步的分化，其最外一层细胞为原表皮，中央染色较深的柱状部分为原形成层，在原表皮和原形成层之间的区域为基本分生组织（图12-1）。

换高倍物镜，注意仔细观察原分生组织、原表皮、基本分生组织和原形成层各部分细胞的结构特点。

（1）原分生组织：细胞为等径多面体形，细胞壁薄，细胞质最浓，细胞核相对较大，液泡很小，细胞排列紧密，没有胞间隙。

（2）原表皮：细胞砖形，多进行垂周分裂。

（3）基本分生组织：细胞为多面体形，从纵切面看常呈长方形，壁薄，液泡开始增大，细胞可以进行各种方向的分裂。

（4）原形成层：细胞为细长的棱柱状，一般多进行纵向分裂，胞质较浓。

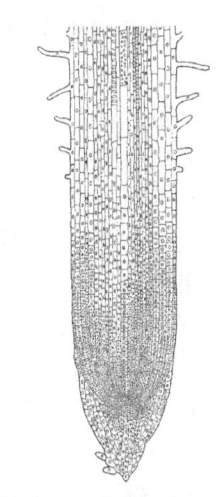

图12-1 洋葱根尖纵切面

（二）茎尖分生组织

1. 顶端分生组织

观察黄杨茎尖纵切片，先在低倍镜下寻找茎尖分生组织所在的部位：在茎尖的最顶端，细胞最小，细胞核密集，染色最深的圆锥形的前端，即茎的生长锥，其外层包被有不同发育时期的幼叶。由于叶原基和腋芽原基在此发生，因此茎尖的结构比根复杂。用高倍镜观察茎尖分生组织的结构，可见最外层1或2层细胞切向壁排列整齐，为原套；原套内具有一团排列紧密、呈多边形的细胞，为原体（图12-2A）。

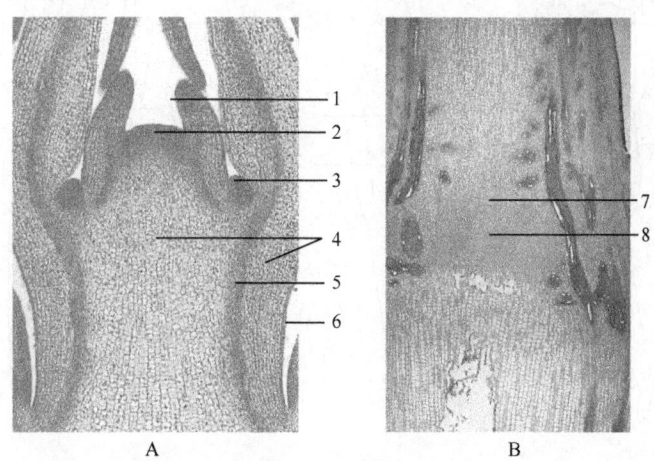

图12-2 茎纵切面（引自Raven et al., 2005）
A. 黄杨茎尖纵切片；B. 水稻茎节间基部纵切片
1. 叶原基；2. 顶端分生组织；3. 腋芽原基；4. 基本分生组织；5. 原形成层；6. 原表皮；7. 节；8. 居间分生组织

2. 居间分生组织

取水稻茎节间基部的纵切片，置显微镜下观察，在节间基部可见有一些体积较小、成团分布、排列较紧密、具有分生能力的细胞群，有些正处在分裂中，这就是居间分生组织（图12-2B）。

3. 侧生分生组织

取棉花老茎横切片置低倍镜下观察，可见排列成环状或管状的维管束。分布于维管束内侧，染成红色的为木质部，而维管束外侧，染成浅蓝色的为韧皮部。换高倍镜观察，木质部与韧皮部之间，有几层染色较浅的扁平细胞，排列整齐，细胞壁很薄，这数层细胞称为形成层带（区），其中有一层是形成层，即维管形成层。另取2年生椴树茎横切片进行观察，可以看到另一种侧生分生组织——木栓形成层。在茎最外方表皮下有几层扁平砖形细胞，排列紧密而整齐，常被染成棕红色或黄绿色，为木栓层；在木栓层内方有一层形态相似而着色较浅、细胞核很明显的扁平细胞，即木栓形成层。木栓形成层内方有一至数层（常常只有一层）稍大、排列疏松的细胞，为栓内层，该层细胞壁薄，常含有叶绿体。木栓层、木栓形成层和栓内层三者合称周皮。

（三）维管形成层

取楝树（或其他树木）2～3年生枝条，将枝条的"树皮"剥开，最易剥开的部位就是维管形成层所在的部位。从"树皮"被撕开的面上用刀刮取一薄层细胞做临时装片，可以观察到形成层细胞的形态特点（图12-3）。

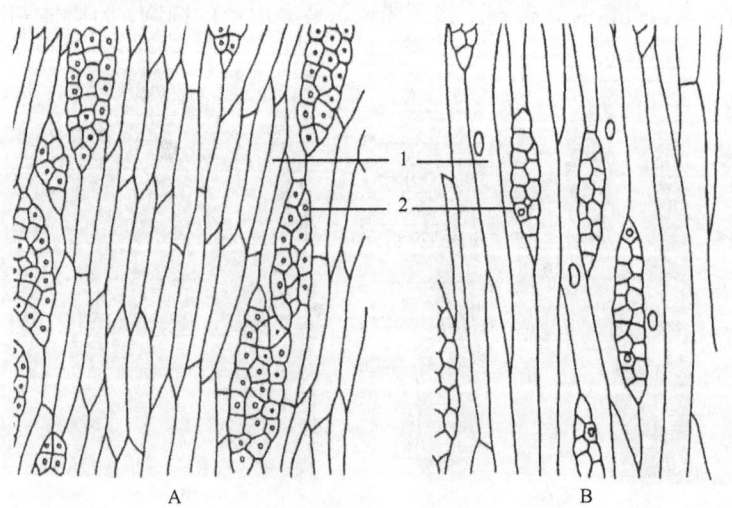

图12-3　维管形成层

A. 叠生形成层；B. 非叠生形成层
1. 纺锤状原始细胞；2. 射线原始细胞

四、课堂作业

比较植物体内各分生组织的细胞特点、分布位置及其来源。

五、思考题

（1）根据茎尖的结构，请你分析茎尖分生组织的活动是如何使枝条发育的？
（2）形成层主要分布在植物体的哪些部位？它们促进了植物什么方向的生长？

实验十三

植物的组织——成熟组织

组织是个体发育中来源相同，形态结构相似，担负着一定生理功能的细胞组合。根据其所执行的功能可将其分为6大类：分生组织、薄壁组织、机械组织、保护组织、输导组织及分泌组织。分生组织具有较强的分生能力，而后面的5类组织失去了分生能力，因此又被称为成熟组织。维管植物的成熟组织可分为3个组织系统：基本组织系统（薄壁组织、厚角组织及厚壁组织），皮组织系统（表皮及周皮）和维管组织系统（导管、管胞、筛管及伴胞）。

一、实验目的和要求

掌握各成熟组织的结构特征。

二、实验用品

1. 实验材料

向日葵幼茎横切片，南瓜茎纵切片，葡萄茎离析材料，梨果实，芹菜叶柄，松茎离析材料，植物（婆婆纳、天门冬）叶片，木槿茎横切片。

2. 药品与试剂

1%番红水溶液，碘-碘化钾溶液，盐酸间苯三酚溶液。

3. 实验器具

显微镜、解剖刀、双面刀片、镊子、滤纸。

三、实验内容和方法

（一）基本组织系统

1. 薄壁组织

在显微镜下，观察向日葵幼茎横切片，可以看到表皮下方是一些大型的薄壁细胞构成的薄壁组织。其特征是细胞壁较薄,细胞液泡较大,只有初生壁无次生壁。

2. 厚角组织

在向日葵幼茎横切片中,位于表皮细胞下方的 1~2 层细胞,细胞壁出现不均匀加厚,此为厚角组织。厚角组织是由于细胞的初生细胞壁出现不均匀加厚产生的,加厚常发生于细胞的角隅处。另取新鲜芹菜叶柄,做徒手横切片,制成临时装片,在显微镜下观察厚角组织所在部位,注意其纤维素堆积在细胞棱角部分内侧。用1%番红水溶液(见附录二)染色,胞间层被染成红色,把相邻细胞的细胞壁角隅加厚部分隔开,可见有成片分布的近于等径的多角形细胞,其细胞都在角隅处加厚,这些细胞群为厚角组织(图 13-1A)。

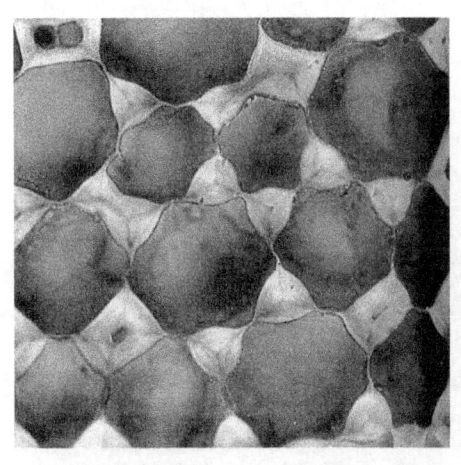 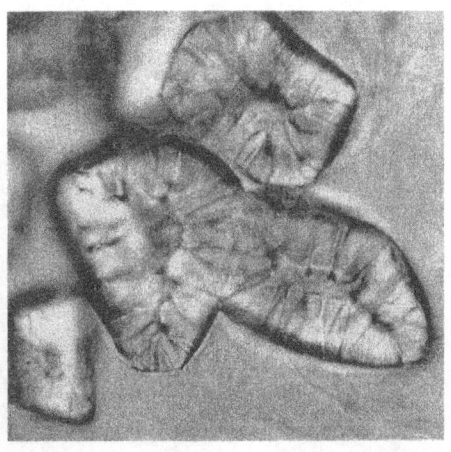

A　　　　　　　　　　　　　　B

图 13-1　机械组织(引自 Raven et al., 2005)
A. 芹菜厚角组织;B. 梨石细胞

3. 厚壁组织

厚壁组织分为两类,一类是纤维,一类是石细胞。纤维两端尖锐,而石细胞多为等径。

(1) 纤维:取离析的葡萄茎材料,用番红水溶液(1%)染色,显微镜下细长、两端尖的细胞即纤维。注意对纤维细胞壁及纹孔的观察。

(2) 石细胞:取梨中央结构较硬的部分用解剖刀压碎,取其中的硬颗粒用盐酸间苯三酚溶液染色(见附录二)使其显色。显微镜下可见大型的薄壁细胞中包围着一种暗色的石细胞群(图 13-1B),这类细胞形状不规则,近于等径,其次生壁增厚且高度木质化,由于次生壁极厚,细胞腔小,次生壁上可见很多同心增厚的层次,以及放射状的纹孔道。其中有些纹孔道具有分支,故称分支纹孔。

(二)维管组织

1. 导管、筛管及伴胞

在显微镜下,观察南瓜茎纵切片。首先找到木质部(维管束内侧染成红色的部分),可见管状的导管分子,两导管分子相连处的横壁消失,彼此连接成为筒状。导管的主要类型有环纹导管、螺纹导管、梯纹导管、网纹导管和孔纹导管。注意观察导管分子的直径随位置的变化,同时,也注意观察导管分子的次生壁加厚类型。每个导管分子均以端壁形成的穿孔相互连接,上下贯通。仔细观察,管径较小,其壁具有螺旋形加厚并木质化的为螺纹导管;管径较大,具有网状加厚并木质化的为网纹导管(注意,切片中有些导管或导管一段,因为只切到导管腔中间一部分,所以只看到导管两边侧壁和中间空腔,而看不到导管壁上加厚的花纹)。偶尔也可以在切片中看到管径很小、管壁上有环状加厚并木质化的环纹导管。观察时注意导管的结构特点,不同类型导管的区别(图13-2)。

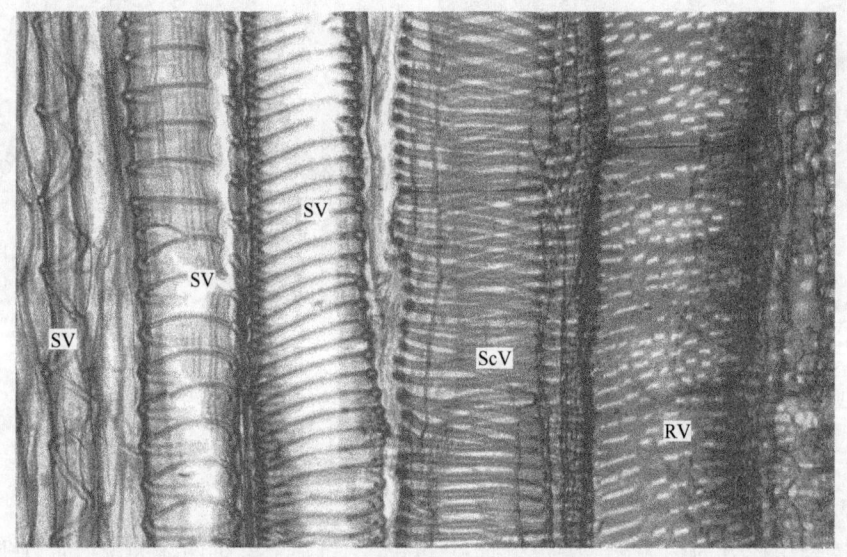

图13-2 南瓜茎纵切面,示导管类型(引自冯燕妮和李和平,2013)
SV. 螺纹导管;ScV. 梯纹导管;RV. 网纹导管

在木质部的外侧为韧皮部(葫芦科植物具有双韧维管束),有一些包含有细胞质的口径较大的管状细胞,为筛管。与导管分子不同,两相邻筛管分子的横壁并不消失,而是形成筛孔结构。在高倍镜下,可见连接上、下两个筛管分子的端壁——筛板。筛板的外周略为膨大,其上可见筛孔。筛管无细胞核,其细胞质常收缩成1束,离开侧壁,两端较宽,中间较窄,这就是通过筛孔的原生质丝,比胞间连丝粗大,特称为联络索(connecting strand)。在筛管旁边存在1列小型的薄壁细胞，其原生质浓厚，即伴胞。与筛管分子不同，伴胞具有细胞核。筛管是输导有机养料的管状结构，它们纵向成列排列在韧皮部（图13-3）。

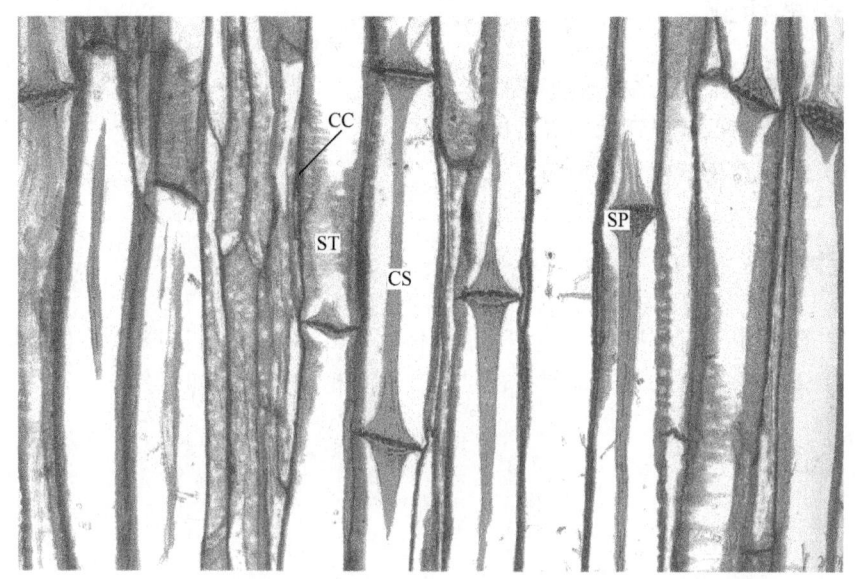

图13-3 南瓜茎纵切面，示筛管（引自冯燕妮和李和平，2013）
ST. 筛管；CC. 伴胞；SP. 筛板；CS. 联络索

2. 管胞

管胞主要存在于蕨类植物及裸子植物，是运送水分与无机盐的结构。取松树木质部的离析材料少许，在显微镜下，看到许多两头圆钝的长形细胞即管胞。仔细观察细胞壁及细胞腔的特点。

（三）皮组织系统

1. 表皮

撕取植物（婆婆纳、天门冬）叶片的一小块表皮，置于载玻片上进行碘-碘化钾染色后观察。可以看见表皮细胞的排列方式，同时也可以观察到气孔器及表皮毛等结构。

2. 周皮

周皮的详细结构在侧生分生组织中可见。在根、茎等的加粗过程中，初生的表皮往往脱落，在内侧产生次生保护组织——周皮。周皮包括木栓层、木栓形成层和栓内层。观察木槿茎横切片，最外一层橘红色的组织为木栓层。其细胞排列整齐，细胞壁栓质化，原生质体解体。同时，注意观察木栓形成层及栓内层。另外，可以观察许多木本植物的树皮，均为多年来形成的周皮，周皮上有不同形态的皮孔，是周皮上的通气结构。

四、课堂作业

（1）绘制纤维及石细胞的形态图。
（2）绘制南瓜茎纵切片中导管的图片。
（3）绘制芹菜茎横切片厚角组织。

五、思考题

（1）保护组织有哪些？各存在于植物体的什么部位？它们的来源有何不同？
（2）基本组织有哪些？主要特征是什么？在植物体中是如何分布的？

实验十四

藻类植物

藻类植物是没有根、茎、叶分化的自养低等植物。生殖器多为单细胞，少数为多细胞，合子不发育成胚。藻类植物差异很大，根据藻体的形态、细胞的结构、所含色素的种类、贮藏物质的类别及生殖方式等，可以把藻类植物分成不同的类群，主要包括蓝藻、绿藻、轮藻、褐藻、红藻、金藻、甲藻和裸藻等。蓝藻门属于原核植物，它是植物界中最低等、最简单的类群，也是植物发展史中最早出现的类群。真核藻类最常见的有红藻、绿藻和褐藻，与人类生活的关系也最为密切。藻类植物的光合色素比高等植物丰富，它们的细胞具有叶绿体（除蓝藻外）和其他色素，能进行光合作用。有叶绿素类、胡萝卜素类、叶黄素类和藻胆素，不同的藻类植物各有差异。藻类植物的繁殖方式有营养繁殖、无性生殖和有性生殖，其中，有性生殖包含有同配生殖、异配生殖、卵式生殖和接合生殖。藻类植物的生活史类型丰富，有的无核相交替，有的具有核相交替。

一、实验目的和要求

（1）通过代表植物的实验观察，掌握蓝藻、绿藻、红藻和褐藻的主要形态特征、基本类型、分布及分类依据。
（2）学习和掌握藻类植物由简单到复杂、由低级到高级的演化规律。
（3）学会观察和鉴定藻类植物的基本方法和技能。
（4）掌握世代交替与核交替的异同。

二、实验用品

1. 实验材料
念珠藻装片，水绵接合生殖装片，紫菜装片，紫菜、海带等植物浸泡标本。
2. 药品与试剂
亚甲蓝水溶液，碘液，I_2-KI 染液，蒸馏水。

3. 实验器具

显微镜，镊子，放大镜，解剖针，载玻片，盖玻片，滴管，纱布，吸水纸。

三、实验内容和方法

（一）念珠藻（*Nostoc* sp.）

念珠藻属蓝藻门，雨季湿地上、阴湿的石头上、水中或者稻田中都可以找到念珠藻，采集到念珠藻后做涂片观察。实验前 1h 将地木耳（普通念珠藻，*Nostoc commune*）或者发菜（*Nostoc flagelliforme*）浸泡在温水中。用镊子取芝麻粒大小的胶质小块或胶质丝置于载玻片中央，加 1 滴蒸馏水，先用镊子或解剖针将胶质小块适当破碎，然后盖上盖玻片，并且用手指轻轻压盖玻片，使材料均匀散开，即可以在显微镜下观察。

观察时需注意：散布在胶质中的藻丝的数量和形状，是否分支；每条藻丝外有无胶质鞘，在显微镜下可见胶质鞘内有很多串珠状丝状体；由单列细胞组成，细胞中没有细胞核和色素体，属原核生物；组成藻丝的细胞有无异形胞，在细胞列中的分布有何特点；丝状体中部或两端，有个别形状较大、细胞壁较厚、不含原生质的异形细胞，营养繁殖时异形细胞断裂而将丝状体分为数小段，每段称为连锁体（图 14-1）。

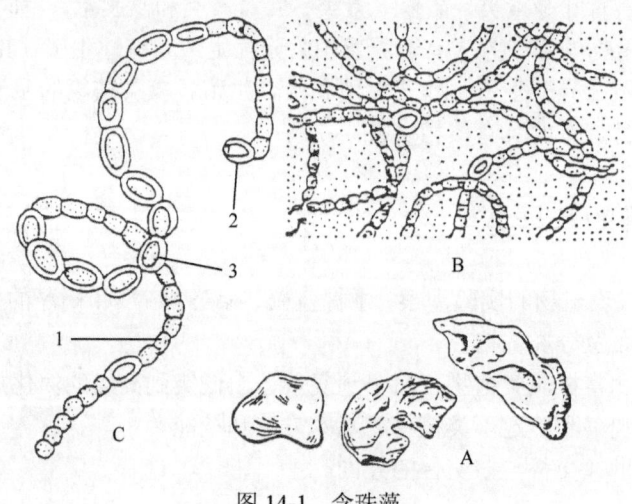

图 14-1　念珠藻

A. 植物体全形；B. 植物体部分放大；C. 丝状体
1. 营养细胞；2. 异形胞；3. 厚垣孢子

制作一个念珠藻装片，从盖玻片一侧可以滴加 0.1%亚甲蓝水溶液，染色后在高倍镜下观察，中央质被亚甲蓝水溶液染成深蓝色，可与色素质区分开。另外，可以挑取少量材料置载玻片上做成临时装片，并从一侧滴加 I_2-KI 染液，可观察到蓝藻门念珠藻淀粉变成红褐色。

（二）水绵（*Spirogyra* sp.）

水绵属绿藻门，为淡水池塘和沟渠中最常见的一类丝状体绿藻，用手触摸水绵丝状体有黏滑感觉。制作水绵切片方法为，用镊子取少量水绵丝状体，用解剖针把丝状体拨散开，然后滴加蒸馏水，盖上盖玻片。

观察水绵装片，水绵为不分支的丝状体，由一列圆柱形细胞连接而成。每个细胞中有1根条带状载色体（叶绿体），有的种类有2或3根，螺旋状悬浮于细胞质中。选择1条藻丝较宽又仅具有1条叶绿体的水绵，详细观察1个细胞的结构，会发现细胞壁、叶绿体及其上的蛋白质、细胞质、细胞核及胞丝，叶绿体上有多个发亮的小颗粒为淀粉粒，细胞中央有1个大液泡（图14-2A）。若找不到细胞核，可加少许碘液，用吸水纸在另一侧将碘液吸去再观察，即可见到细胞核（新鲜材料适用）。

观察的难点：实验中观察的难点在于寻找细胞核和胞质丝。由于水绵切片为立体结构，因此，在观察时要注意细胞核应在细胞的中央位置寻找；蛋白质核遇碘后其上的淀粉就会变为蓝紫色，而细胞核则呈棕黄色；细胞核是被一团细胞质所包围的，并有放射状的胞质丝，将核周围的细胞质与液泡外周的细胞质连接起来。

接合生殖：水绵的营养繁殖简单，植物体任何一段都可以离开母体发展为新植物体。有性生殖为接合生殖。用镊子取少量有接合生殖的藻丝制成临时装片或直接用水绵接合生殖永久装片观察。在切片中可以看到2个丝状体先行接近，相对的两细胞壁产生突起，并逐渐密接，细胞壁溶解而形成接合管（图14-2B）。此时两细胞的内容物沿着接合管由一个细胞流入另一个细胞中，形成接合子。后母体死亡，合子萌发而形成新个体（图14-2C，图14-2D）。

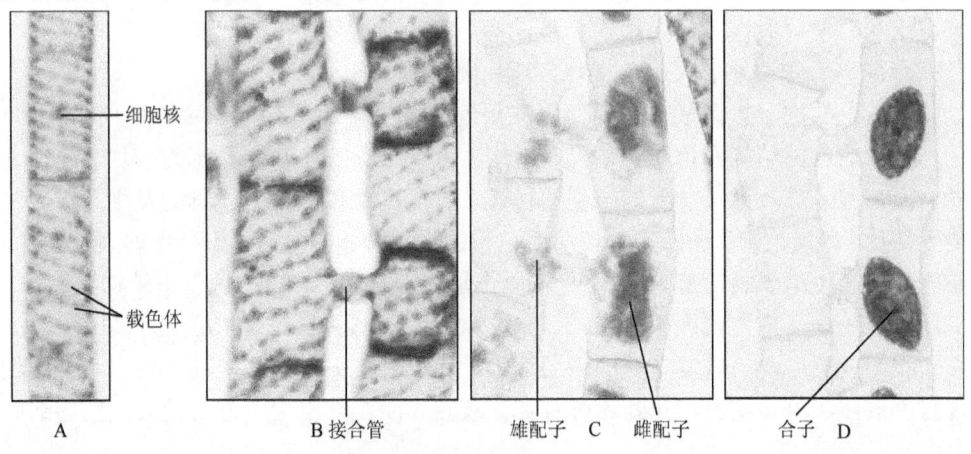

图14-2 水绵（引自 Stern et al.，2004）

A. 丝状营养体；B. 两条丝状体靠近，相对一侧相互发生突起，两突起接触壁消失，形成接合管；C. 左侧细胞原生质体浓缩，形成雄配子，通过接合管进入右侧雌配子中；D. 雌、雄配子在右侧融合形成合子

(三) 海带 (*Laminaria* sp.)

海带属褐藻门（Phaeophgta）。海带为多年生海藻植物，多分布在北方温度较低的浅海中。其食用部分为孢子体，外形可分为固着器、柄和带片3部分。固着器呈根状，常附着在岩石等物体上，其上为圆柱形的柄，柄上为一长形扁平的带片（图14-3）。在柄和带片的连接处有分生组织，通过它的活动，植物体的长度得以增长。

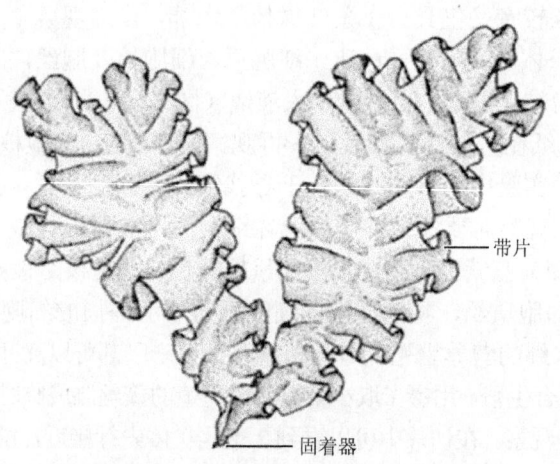

图14-3 海带（引自Stern et al.，2004）

观察海带标本，可见其褐色的叶状体由固着器、柄及带片组成。海带尽管看起来个体很大，似乎有根、茎、叶，但其根、茎、叶是假根、假茎、假叶。其植物没有组织的分化，假根不具备根的功能；假茎、假叶也不具有茎、叶功能。

海带孢子体的外形：辨认带片、柄和固着器3部分。

带片上的孢子囊区域：带片两面深褐色的斑块就是具有孢子囊的区域。

带片的内部结构和孢子囊的结构：用刀片切2cm长、0.5cm宽的带片，最好选择一面有孢子囊，另一面无孢子囊的材料，以便对比和了解孢子囊的发生。然后做徒手切片，尽量切薄。选择其中较薄而完整的数片做水封藏片。如果观察固定切片，要先分出产生孢子囊的部分，再从无孢子囊的部分由外向内辨认以下结构。

（1）表皮：带片两面最外边的1或2层小型、排列紧密、具色素的细胞。

（2）皮层：两边表皮下方的多层细胞。靠近表皮下方的几层细胞较小，有的还含有色素体，为外皮层，此处还可看到黏液腔。而在外皮层下方的较大无色的细胞为内皮层。

（3）髓部：带片的中央部分，细胞长形丝状（髓丝和喇叭丝）。

（4）孢子囊：孢子囊在带片表皮上排列成栅栏状层。孢子囊为单细胞，棒状，里面的大颗粒就是尚未释放出的孢子。孢子囊之间的部分称为隔丝。

(5) 雌、雄配子体：取制片在显微镜下区分雌、雄配子体。只要求能检出成熟的雌、雄配子体。雄配子体为几个到十几个细胞组成的分支丝状体，每个细胞较小、色淡。在分支的顶端形成精子囊，精子囊的突出部分为透明状。雌配子体一般为一个大的球形或梨形细胞（也有的为几个细胞），褐色，色较深。当长到 11~12μm 时，就转化为卵囊，内产生 1 卵，卵囊破裂后排出。

海带的生活史具明显的世代交替。在晚夏或早秋，孢子体带片的两面形成孢子囊，由孢子囊产生游动孢子，孢子离开母体，直接萌发成很小的雌、雄配子体。雄配子体细长，分支多，枝状细胞形成精子囊，其内产生 1 个精子。雌配子体粗短，顶细胞发生卵囊，其内产生 1 个卵。卵在卵囊顶端与精子结合，以后合子萌发成孢子体（赵桂仿，2009）。

观察重点：①把海带生活史各阶段联系起来；②雌、雄配子体的区分。

(四) 紫菜 (*Porphyra* sp.)

紫菜属为海产红藻，为红藻门（Rhodophyta）植物。紫菜含有高达 29%~35% 的蛋白质及碘、多种维生素和无机盐类，味鲜美，除食用外还可用以治疗甲状腺肿大和降低胆固醇，是一种重要的经济海藻。

紫菜的外形和颜色：取浸制标本观察，藻体为很薄的叶状体，多为 1 层厚细胞，由盘状固着器、柄和叶片 3 部分组成。叶片是由 1 层细胞（少数种类由 2 或 3 层）构成的单一或具分叉的膜状体，其体长因种类不同而异，从数厘米至数米。紫菜多为紫红色，含有叶绿素和胡萝卜素、叶黄素、藻红蛋白、藻蓝蛋白等色素，因其含量比例的差异，致使不同种类的紫菜呈现紫红、蓝绿、棕红、棕绿等颜色，但以紫色居多，紫菜因此而得名。

精子囊和果孢子：取紫菜叶状体浸制标本（或在市场上买干制的紫菜，实验前用水浸泡 10min），放入培养皿使其展开，从颜色上可大体辨认果孢子和精子囊的区域，果孢子为深红色，精子囊为乳白色。然后在不同的区域各撕一小块紫菜，放到载玻片中央滴 1 滴水，用解剖针和镊子将其展开，切勿折叠。盖上盖玻片，在显微镜下观察。为了节省实验时间，最好在实验前把紫菜上有果孢子和精子囊的部分剪下来，存放入小瓶中，以免实验时花很多时间寻找这两个部分。营养细胞的形状为多角形，细胞间的胶质较厚，果孢子和精子囊与其明显不同。在实验材料上加 1 滴 I_2-KI 溶液观察紫菜的贮藏物质，其贮藏的红藻淀粉遇碘不变黑，而是先变黄，再变红，进而变成紫色。也可以观察紫菜横切片装片：观察其营养细胞，果胞，果孢子，精子囊的形状、大小、数量和排列方式。营养细胞、果胞、果孢子内都有一个星芒状的色素体。

紫菜的繁殖方式和生活史：紫菜的整个生活史是由较大的叶状体（配子体世代）

和微小的丝状体(孢子体世代)两个形态截然不同的阶段组成。叶状体行有性生殖，由营养细胞分别转化成雌、雄性细胞，雌性细胞受精后经多次分裂形成果孢子，成熟后脱离藻体释放于海水中，随海水的流动而附着于具有石灰质的贝壳等基质上，萌发并钻入壳内生长，成长为丝状体。丝状体生长到一定程度产生壳孢子囊枝，进而分裂形成壳孢子。壳孢子放出后即附着于岩石或人工设置的木桩、网帘上直接萌发成叶状体。此外，某些种类的叶状体还可进行无性繁殖，由营养细胞转化为单孢子，扩散附着后直接长成叶状体。单孢子在养殖生产上也是重要苗源之一。

配合紫菜装片，结合课堂上学到的理论知识，仔细对紫菜的外部结构进行观察，进一步了解紫菜的生活史。

四、课堂作业

(1) 绘一段念珠藻藻体外形图，并注明各部位名称。
(2) 绘水绵的细胞结构图，并注明各部位名称。
(3) 绘紫菜精子囊和果孢子的表面观图，并注明各部位名称。
(4) 绘海带叶片经孢子囊切面图，并注明各部位名称。

五、思考题

(1) 蓝藻门植物为什么在各类高等植物繁盛的今天仍有广阔的生存空间？
(2) 在水绵生活史中有无核交替及世代交替？
(3) 试述紫菜的生活史和它的经济价值。
(4) 海带植物也有从小到大的生长过程，其生长点在哪个部位？

实验十五

菌类植物和地衣植物

菌类植物是一个不具有自然亲缘关系的类群，它们没有根、茎和叶的分化，细胞内不含有叶绿素，均具有细胞壁（粘菌除外），生殖结构由单细胞构成，合子或受精卵均不形成胚，有细菌、粘菌和真菌3个门。真菌属真核异养生物，没有质体，主要是营寄生或腐生生活。地衣是一类由真菌和藻类形成的共生体，少数由一种真菌和两种藻类共生。地衣的形态和生长状态可以分为3种类型：壳状地衣、叶状地衣和枝状地衣。

一、目的和要求

（1）通过代表植物的实验观察，掌握细菌、粘菌、真菌的主要形态特征。学习和掌握真菌中黑根霉、酵母菌、伞菌的主要形态特征、基本类型及其分布。

（2）学习和掌握菌类植物和地衣在植物界演化中的地位。

二、实验用品

1. 实验材料

细菌装片，粘菌装片，面包或馒头，酵母菌活体，伞菌装片和3种地衣标本。

2. 药品与试剂

碘液，蒸馏水。

3. 实验器具

镊子，放大镜，显微镜，解剖针，载玻片，盖玻片，纱布，吸水纸。

三、实验内容和方法

（一）菌类植物

菌类植物一般不含光合色素（硝化细菌、氢细菌、硫细菌、铁细菌除外），不能进行光合作用,是异养生活的低等植物。根据菌类结构和生活习性的不同将菌类植物分为细菌、粘菌、真菌 3 大类。

1. 细菌（bacteria）

取细菌涂片观察,区别杆菌、球菌、螺旋菌 3 种细菌类型。杆菌：细胞呈杆状,有的细胞连接在一起呈线形。球菌：细胞呈圆球形,因分裂方式不同而有链状、葡萄状和板状。螺旋菌：细胞呈螺旋状或呈"S"形（图 15-1）。

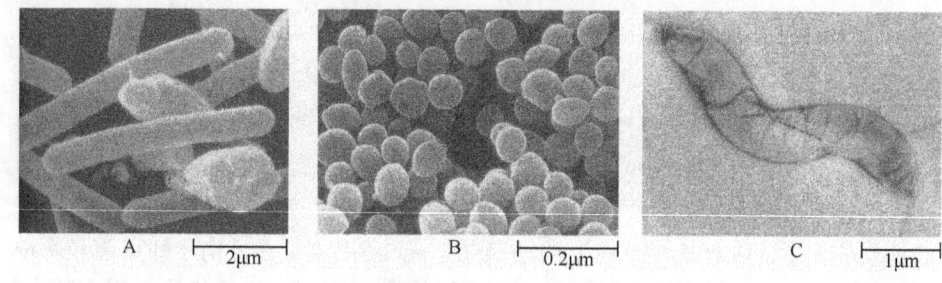

图 15-1　细菌（引自 Raven et al., 2005）
A. 杆菌；B. 球菌；C. 螺旋菌

2. 粘菌（myxomycophyta）

发网菌属（*Stemonitis*）：发网菌是粘菌门最常见的一属。营养体是一团裸露多核的原生质团,称为变形体。常在阴湿处缓缓爬行于朽木、败叶中,吞食固体食物。生殖时,变形体对外界的反应发生了变更,从阴湿处移于干燥光亮的地方,形成很多竖立的突起。每一突起发育成 1 个有柄的孢子囊。取装片观察孢子囊的形态构造,孢子囊通常为紫灰色,长筒形。囊外有壁,称为包被,其内有囊轴和交织成网状的孢丝,在网眼中形成孢子。

3. 真菌（fungi）

真菌是无叶绿素的低等异养型植物,它是真核生物。真菌丝体为分支和不分支的细丝。无性繁殖时产生各种孢子；有性繁殖时有些种类要经过质配后产生双核菌丝体,并形成各种形态的子实体,如蘑菇的菌伞。真菌门的菌类共同特征有：营养体少数为单细胞（酵母菌）,多数为菌丝体；营养繁殖,细胞直接分裂、菌丝断裂或产生芽孢子、厚壁孢子、节孢子等；无性生殖产生多种类型孢子,如游动孢子（水生真菌,具鞭毛）、孢囊孢子、分生孢子；有性生殖时,低等真菌为配子的配合,有同配和异配之分,如根霉配子囊所形成的接合孢子配合为同配生殖,水霉的卵囊和精囊中的精子和卵配合形成卵孢子,两者为 $2n$,为异配生殖,而子囊孢子、担孢子是有性结合后所产生的孢子,均为 n。

真菌门生物可分为：鞭毛菌亚门、接合菌亚门、子囊菌亚门、担子菌亚门、半知菌亚门。

1）黑根霉（*Rhizopus stolonife*）

黑根霉为接合菌亚门（Zygomycotina）根霉属（*Rhizopus*）植物，在面包和馒头上可以培养根霉的菌丝。用放大镜观察馒头或面包培养基上的黑根霉，白色菌丝体上有一些黑色颗粒状孢子囊，用解剖针挑取少许黑根霉，将菌丝拨开均匀散开，盖上盖玻片，做临时装片。

在显微镜下观察，可见菌丝体、匍匐支、孢子囊梗、孢子囊等部分。孢子囊内具许多黑色孢子。注意整个菌丝体、孢子囊、菌丝有无横隔（图 15-2）。菌丝白色管状，无隔多核，分支甚多，匍匐生长。某些部位向下生出假根，假根较短，分支不规则。注意假根与菌丝的区别。孢子囊和孢子囊梗：在无性繁殖阶段，匍匐支自假根向上生出直立的孢囊梗，梗顶端形成球形孢子囊，有囊轴和囊壁，囊内产生黑色孢子（图 15-2）。

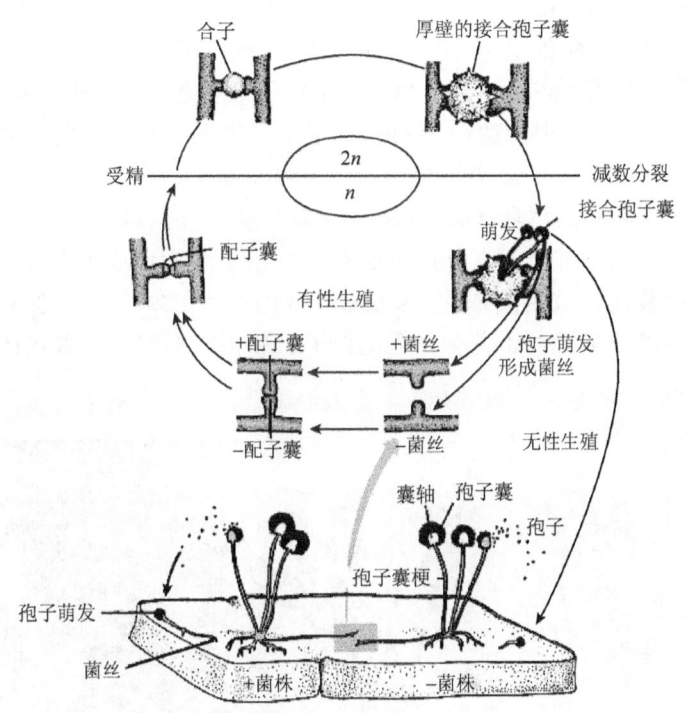

图 15-2 黑根霉生活史（引自 stern et al.，2004）

2）酵母菌（*Sacharomyces* sp.）

酵母菌为子囊菌亚门（Ascomycotina）菌类植物，单细胞，有明显的细胞壁和细胞核。在牛奶中、动物排泄物内、土壤中及植物营养体部分都可以找到。酿酒酵母（*S. cerevisiae* Ham.）是最常见的用于酿造啤酒的一种酵母菌。酵母菌通常以出芽方式进行繁殖，在芽未脱落之前呈暂时的有分支的核菌丝，每个芽脱落后就成为新个体（图15-3）。子囊菌亚门极少单细胞（如酵母菌），绝大多数为由隔菌丝组成的菌丝体，但隔膜具孔。

取酵母活材料，做水封装片观察。酵母菌是子囊菌亚门的单细胞类型。细胞卵形，内有1个大液泡，细胞质内含油滴。细胞核甚小，繁殖的方法主要为芽殖。注意观察细胞的形态构造和出芽生殖情况。有性生殖时，由双倍体营养细胞转变成子囊，子囊无包被，不形成子囊果。子囊内双倍体细胞核减数分裂后，形成4或8个子囊孢子。观察酵母菌切片可见菌体为单细胞，卵形，内有1个大液泡，细胞核不易被观察到，细胞质内含油滴。此外，在处于营养繁殖时的酵母菌体中可见芽体（图15-3）。

3）伞菌（*Agaricus* sp.）

伞菌子实体由菌盖和菌柄两部分组成。菌盖下有菌褶，菌褶两侧表面的子实层由担子和侧丝组成，每一担子为单细胞，无隔，棒状，有4个担子梗（sterigma），每个担子梗上有1个担孢子（图15-4）。担子果肉质，很少近革质、木栓质或膜质。有伞状或帽状的菌盖（pileus）和菌柄（stipe）。菌柄大多中生，也有侧生或偏生的。菌盖的腹面为辐射或放射的菌褶（gills）。子实层生于菌褶的两面，担子果幼嫩时常有内菌幕（partial veil）遮盖菌褶。菌盖充分发展时，内菌幕破裂，常在菌柄上的残留部分形成环状的菌环（annulus）。有些种类有外菌幕（universal veil）包围整个担子果，当菌柄伸长时，外菌幕破裂，残留于基部形成菌托（volva），在菌盖上面的外菌幕往往破裂成鳞片（scale），或消失。子实层的构造主要为担子和侧丝，有些种在子实层中还夹有少数比担子长和粗的细胞，呈囊状体（图15-4，图15-5）。

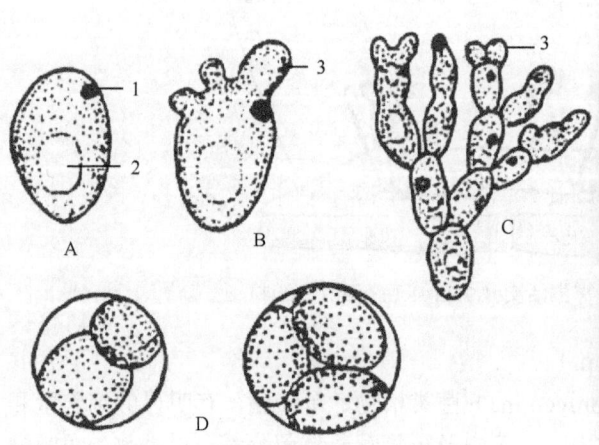

图15-3 酵母菌
A. 单个细胞；B. 出芽；C. 芽细胞形成假菌丝；D. 子囊和子囊孢子
1. 细胞核；2. 液泡；3. 芽孢子

图15-4 伞菌类担子和担孢子（引自Raven et al.，2005）

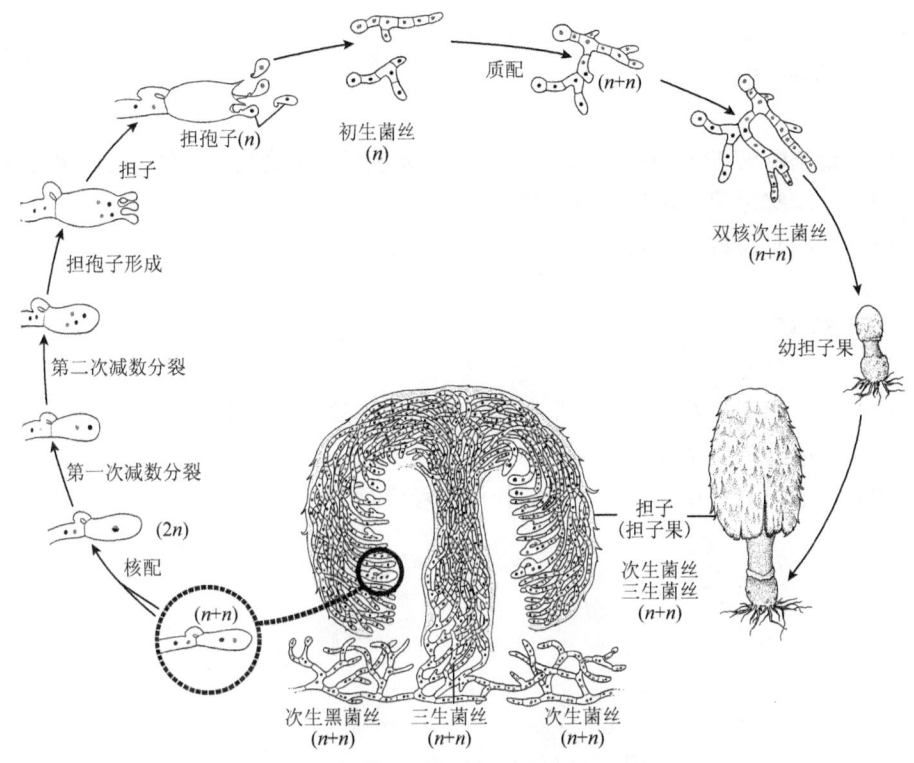

图 15-5　伞菌类生活史（引自 Raven et al., 2005）

（二）地衣植物

地衣是真菌和藻类的共生植物，共生的真菌绝大多数为子囊菌，共生的藻类是蓝藻和绿藻（图 15-6）。观察 3 种地衣标本，区别壳状地衣、枝状地衣和叶状地衣。

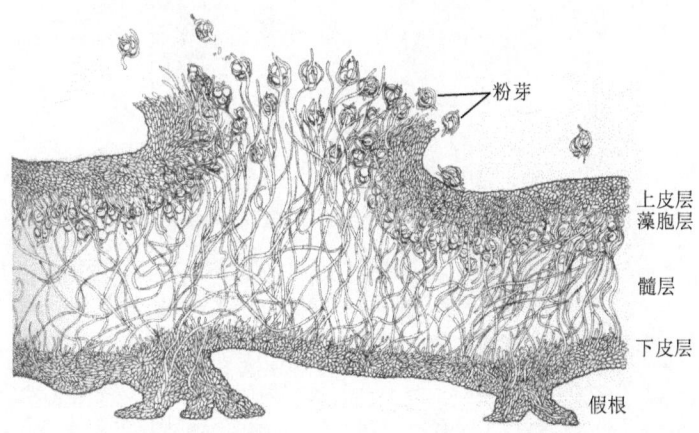

图 15-6　地衣横切面（引自 Raven et al., 2005）

四、课堂作业

（1）绘制根霉菌丝中一部分，标假根、匍匐菌丝、孢囊梗、囊轴、囊壁和孢子。
（2）绘制酵母菌，示细胞核、液泡和芽孢子。
（3）绘制伞菌目菌褶切面观。

五、思考题

（1）想一想，发网菌属孢子是怎样形成的？孢丝有何作用？
（2）细菌的特征及其在自然界中分布广泛的原因有哪些？
（3）试述细菌、真菌对自然界的作用及经济意义。

实验十六

苔藓植物

苔藓植物是一群生活在阴湿环境下形体较小的多细胞绿色植物，属于陆生高等植物，是由水生生活方式向陆生生活方式过渡的类群之一。它们无真正的根、茎、叶分化，有性生殖器官为多细胞构成的精子器和颈卵器。受精卵发育成胚，生活史类型为配子体发达的异型世代交替，孢子体寄生在配子体上，由孢蒴、蒴柄和基足3部分构成。

一、实验目的和要求

掌握苔藓植物门的主要特征及苔纲和藓纲的区别，理解苔藓植物在植物界中的系统进化地位。

二、实验用品

1. 实验材料

地钱（*Marchantia polymorpha*）、葫芦藓（*Funaria hygrometrica*）、苔类植物（liverwort）、藓类植物（moss）、地钱叶状体横切制片、地钱雄生殖托纵切制片、地钱雌生殖托纵切制片、地钱孢子体纵切制片。

2. 实验器具

显微镜、放大镜、解剖镜、镊子。

三、实验内容和方法

（一）地钱

地钱属苔纲，是地钱目中的常见植物，世界性广布。这类植物通常生于阴湿的林内、田园、墙角和河沟边等。

1. 叶状体外形

地钱植物体为绿色扁平的二叉分枝的叶状体，具有背腹之分，贴地的一面为腹面，其上着生有很多无色的毛状假根和紫色鳞片，用于吸收养料、保持水分和具有固着作用；离地的一面为背面，上面有许多菱形小区，每一小区分别是1个气室，气室中间有1气孔，此气孔无闭合能力。

2. 叶状体内部结构

取地钱叶状体横切制片置于显微镜下观察，可以看到最上层为表皮细胞，其中有若干烟囱状的气孔，气孔下为气室结构，其中包含排列疏松、富含叶绿体的同化组织。气室下面是数层排列整齐的薄壁细胞，最下层为表皮，其上长出平滑的假根和鳞片（图16-1）。

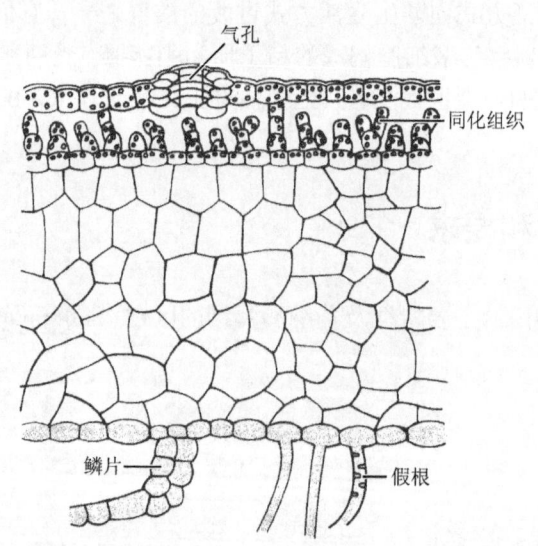

图16-1 地钱叶状体横切面（引自 Raven et al., 2005）

3. 营养繁殖

地钱配子体（植物体）上生长有杯状的胞芽杯，其内生有许多绿色片状的胞芽，每个胞芽可萌发成新的配子体，从而进行营养繁殖（图16-2A）。

4. 有性生殖器官

地钱为雌雄异株植物，雄株背面的中肋上长出雄生殖托，由细长的托柄和边缘波状浅裂的圆盘状的托盘组成。在雄生殖托表面有精子器腔的开口。雌株背面的中肋上生有雌生殖托，呈伞形，也是由托盘和托柄组成，但托柄较长，托盘呈放射指状深裂，其裂片间下方倒悬1列颈卵器，每列颈卵器两侧各有1片薄膜遮盖，称为蒴苞（图16-2A～图16-2C，图16-2F）。

取地钱雄生殖托和雌生殖托制片置于显微镜下观察：可以看到雄生殖托的托盘

上有许多精子器腔,其内各有1个卵圆形的精子器(图16-2D)。在雌生殖托纵切制片中,可看到芒线间的托盘下面倒悬着一列颈卵器(图16-2C),膨大的腹部在上,颈部细长,其中央有1列颈沟细胞,腹部有1腹沟细胞和1个大的卵细胞。

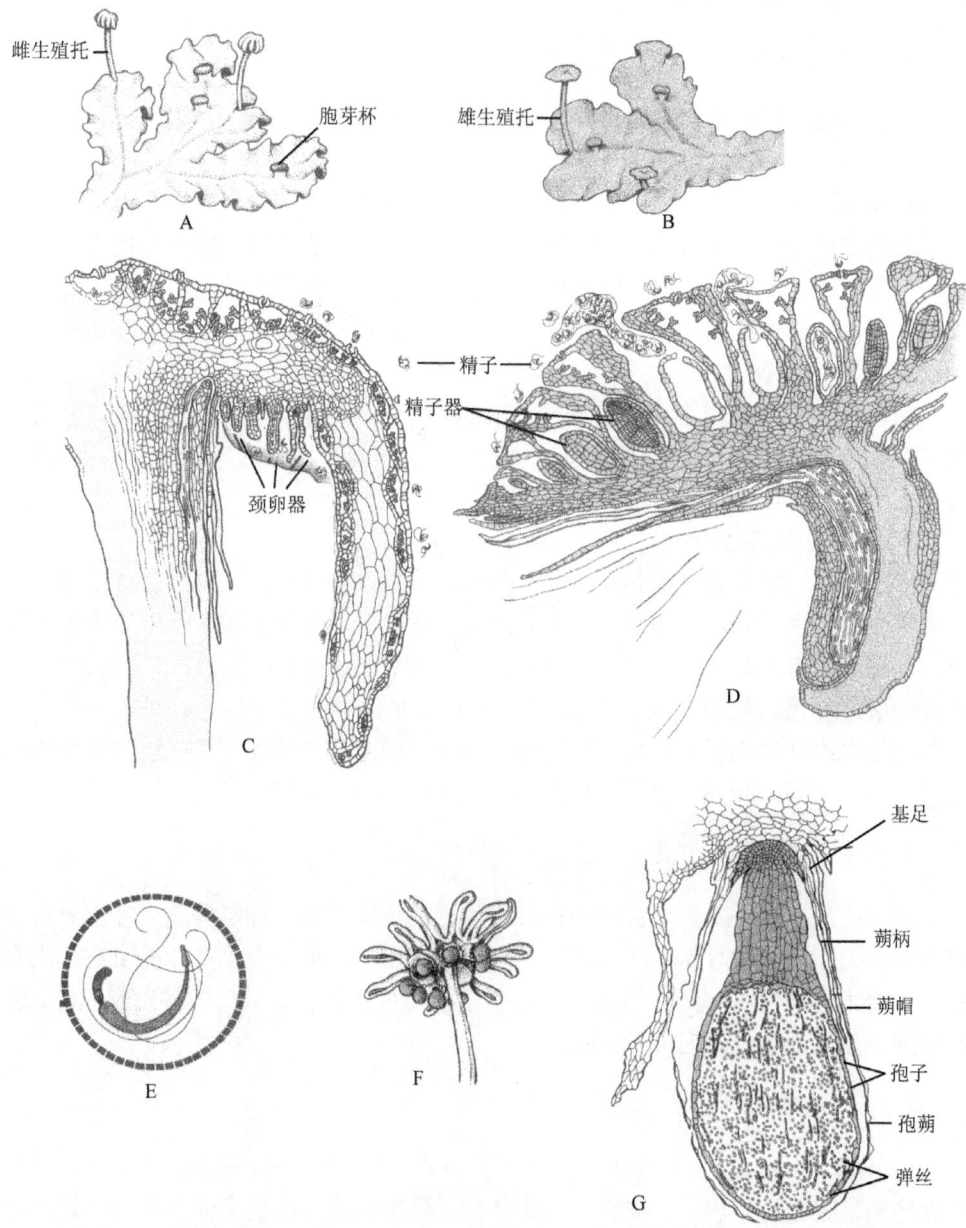

图16-2 地钱(引自Raven et al., 2005)

A. 雌株;B. 雄株;C. 雌生殖托纵切面;D. 雄生殖托纵切面;E. 精子;F. 成熟的雌生殖托;G. 成熟的孢子体

5. 孢子体

成熟的雌生殖托由绿色变为灰褐色，在其两芒线间悬挂着 1 列头状体，为地钱孢子体的孢蒴。取地钱孢子体纵切制片观察，注意区分基足、短的蒴柄和球形的孢蒴 3 部分结构（图 16-2G）。

（二）葫芦藓

葫芦藓属藓纲，葫芦藓科，是土生喜氮的小型藓类植物。葫芦藓分布广泛，常见于田园、庭院和路边等。

1. 外形

取葫芦藓浸制或干标本观察，注意区分配子体（具茎叶和假根分化的直立植物体）和孢子体（其下部为 1 长的蒴柄，以基足埋于配子体中吸取营养，其上膨大部分为孢蒴，孢蒴顶端有 1 圆锥形的盖，为蒴帽结构）。

2. 有性生殖器官

葫芦藓雌雄同株但不同枝。雄枝顶端的叶片即雄苞叶，外形较宽且向外伸展，很多橘黄色的精子器在枝顶中央，似一朵"小花"。雌枝的雌苞叶较窄且紧抱如芽，其中有数个颈卵器。

3. 孢蒴的内部结构

取孢蒴纵切制片在显微镜下观察。注意近蒴盖下缘处，有几列具有外壁增厚的长形表皮细胞呈环状，为环带。环带的内方，蒴盖之下有蒴齿层，蒴壶的中轴是蒴轴，蒴轴外围有多数细小、排列整齐的细胞，是造孢组织（可能已形成孢子），其外有疏松的绿色同化组织（营养丝），其中有许多空隙，即气室，最外围是蒴壁。注意造孢组织产生孢子后，在蒴壁以内至蒴轴之间全部充满孢子，绿色的同化组织则被破坏。在蒴盖和蒴壶之间，能观察到环带和蒴齿等结构。

（三）光萼苔属

光萼苔属（*Porella*）为苔纲叶苔目植物，植物体有茎、叶的分化。叶由单层细胞构成，无中肋，共 3 列，2 列侧叶较大，1 列腹叶较小。为雌雄异株植物，生有精子器的雄器苞与生有颈卵器的雌器苞生于侧生的短枝上。受精后卵发育成胚，胚形成孢子体，孢蒴成熟时 4 瓣纵裂。

（四）角苔属

角苔属（*Anthoceros*）为角苔纲角苔目植物。植物体是具腹面的叶状体，边缘有深缺刻，腹面生有假根。细胞无组织分化，雌雄同株。在配子体背面有细长的针状的孢子体，基足埋于配子体内，无蒴柄，针状部分为孢蒴。孢子体成熟时，自上而下裂成两瓣，蒴轴宿存。

（五）泥炭藓属

泥炭藓属（*Sphagnum*）为藓纲泥炭藓目植物。植物体灰白色或灰黄色，叶片由单层细胞构成，无中肋。精子器生于小枝的叶腋处，球形具长柄。颈卵器生于小枝的顶端，亦具柄。孢蒴球形，无蒴帽。

四、课堂作业

（1）绘制地钱雌、雄生殖托纵切面图，注明各部分结构。
（2）绘制葫芦藓孢蒴纵切面结构简图，注明各部分结构。
（3）绘制葫芦藓精子器和颈卵器结构简图。

五、思考题

（1）苔纲、藓纲的主要区别是什么？
（2）葫芦藓的孢子成熟后靠什么器官帮助散布？与地钱散布孢子的方式是否不同？
（3）为什么苔藓植物大多生长于阴湿环境？分析其哪些结构是对陆生环境的适应？

实验十七

蕨类植物

蕨类植物是地球上最早分化出维管系统的一类低等维管植物，属于孢子植物和颈卵器植物。它们具有独立生活的孢子体和配子体，孢子体占绝对优势；有根、茎、叶的分化：根为不定根，茎多为根状茎，叶有孢子叶和营养叶之分，各自行使不同的功能。孢子叶上能产生孢子囊和孢子，孢子萌发形成配子体，又称原叶体，腹面可产生精子器和颈卵器。

一、实验目的和要求

(1) 掌握蕨类植物的主要特征，了解其在植物界中的系统地位。
(2) 学习鉴定蕨类植物的基本方法，识别常见种类。

二、实验用品

1. 实验材料

永久制片：中华卷柏（*Selaginella sinensis*）孢子叶球纵切制片，问荆（*Eguisetum arvense*）孢子叶球纵切制片，蕨（孢子体和配子体）孢子叶切片，真蕨配子（原叶体）装片，蕨的小羽片。

腊叶标本：卷柏（*Selaginella tamariscina*），中华卷柏，问荆，贯众（*Cyrtomium fortunei*），石松（*Lycopodium japonicum*），中华水韭（*Isoetes sinensis*），松叶蕨（*Psilotum nudum*），木贼（*Eguisetum hiemale*），狗脊（*Woodwardia japonica*），槐叶萍（*Salvinia natans*），蜈蚣草（*Pteris vittata*），石韦（*Pyrrosia lingua*）等。

2. 实验器具

显微镜，放大镜，镊子，解剖镜，解剖针。

三、实验内容和方法

现存蕨类植物主要包括3大类：石松类、木贼类和真蕨类。

（一）石松类植物

中华卷柏为石松亚门卷柏科卷柏属（*Selaginella*）多年生草本植物，植物体常匍匐生长。

（1）孢子体外形：仔细观察中华卷柏标本。植物体具背腹性，二叉分枝，下生光滑的根托，根托上生有不定根；茎上有 4 行叶：包括两行较大的侧叶和两行较小的中叶。

（2）孢子叶球：取中华卷柏孢子叶球纵切片观察。孢子叶球生于枝顶，为四棱锥形。注意观察孢子叶的近轴面基部有 1 个较小的突起物，称为叶舌。孢子囊具短柄，生于穗轴和叶舌之间。孢子囊具大、小之分，大孢子囊中具 1~3 个大孢子，小孢子囊中形成许多小孢子。

（二）木贼类植物

问荆属楔叶亚门木贼科，多生于河边、砂土或山坡荒地，植物体有营养枝和生殖枝之分。

（1）孢子体外形：地下茎和地上气生茎皆具明显的节和节间，节间外表有纵肋和槽相间（图 17-1）。营养枝绿色，直立有分枝，茎和枝的节上有退化的鳞片即小型叶，轮生。叶的基部联合成鞘状，包围在节的上方，节间中空。生殖枝浅褐色，直立不分枝。孢子叶球毛笔状，生于茎的顶端。

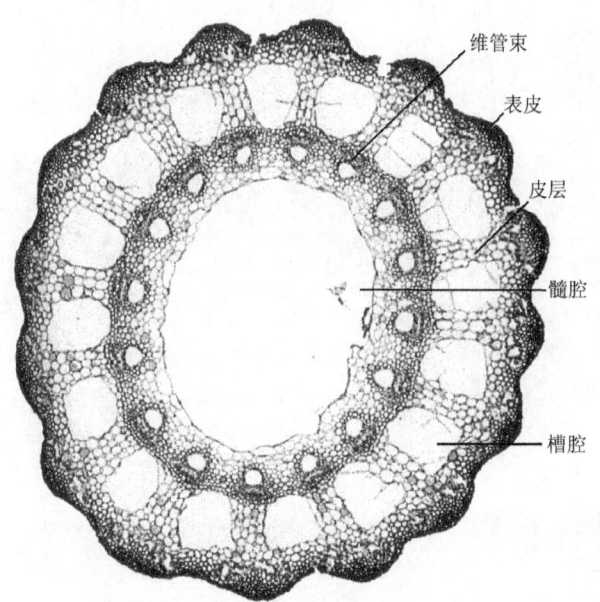

图 17-1　问荆茎横切面

（2）孢子叶球：先观察孢子叶球的外形和表面，然后用镊子小心地从孢子叶球的轴部取下一完整的孢囊柄，在放大镜下观察，可看出孢囊柄是由六角形的盘状体和其下部中央的 1 个细长的柄部组成，沿盘状体的下部侧缘内着生有 5~10 个长筒形的孢子囊。孢子囊纵裂，其中有许多孢子，取少量孢子做成临时水装片，于显微镜下观察孢子和弹丝。

（三）真蕨类植物

蕨隶属真蕨亚门，薄囊蕨纲，蕨科。

（1）孢子体外形：孢子体发达，有根、茎、叶的分化。根状茎上生有不定根，横走地下，密被浅黄色短毛。叶为 1 到多回羽状复叶，幼叶拳卷。孢子囊生于叶的小羽片背部边缘，形成连续的各种形状的孢子囊群，有或无囊群盖。

（2）孢子囊和孢子的散发：取蕨的小羽片置于载玻片上，用解剖针向外拨开假囊群盖，拨取少量孢子囊，移去小羽片，加 1 滴水制成临时装片，在显微镜下观察孢子囊的形态结构。然后把放有孢子囊的临时装片移至酒精灯上微微加热，观察孢子囊的开裂及孢子的释放过程（图 17-2）。

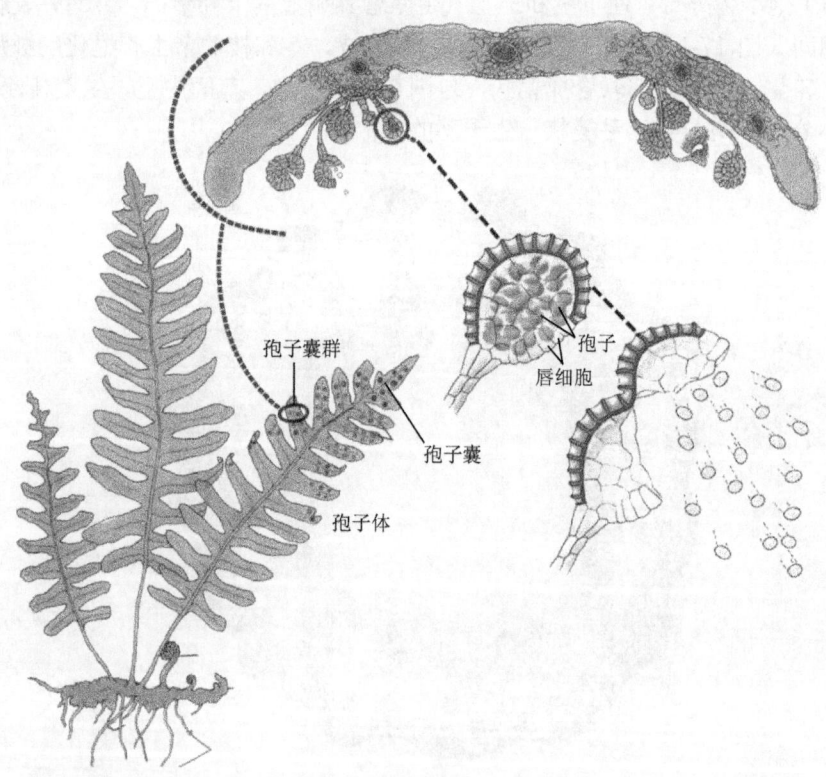

图 17-2　蕨的孢子体、孢子囊群、孢子囊及孢子（引自 Raven et al., 2005）

（3）原叶体：取真蕨配子体（原叶体）装片观察，可见原叶体小、心形、绿色，有背腹之分，由多层细胞组成。真蕨类大多为雌、雄同株。原叶体的腹面生有假根，假根附近有球形的精子器，颈卵器则生于原叶体的心形凹口附近。1种原叶体上一般只着生1种生殖器官，其原因之一在于精子器和颈卵器发生的时间不同，精子器先发育，而颈卵器后发育。

四、课堂作业

（1）绘中华卷柏孢子叶球纵切面图，注明各部分结构。
（2）绘真蕨原叶体外形图，示假根、精子器和颈卵器的着生位置。

五、思考题

（1）蕨类精子器和颈卵器位于原叶体的腹面而不是背面，有什么意义？
（2）蕨类植物和苔藓植物有何异同？为什么说蕨类植物比苔藓植物更适应陆地生活？

实验十八

裸子植物

裸子植物是一类能形成球花，产生种子，且种子没有果皮包被的高等植物。裸子植物的孢子体发达，并占绝对优势，配子体寄生在孢子体上。裸子植物花粉管的产生使受精作用摆脱了水的限制，对适应陆地生态系统具有重大意义。

一、实验目的和要求

（1）通过对裸子植物代表种类的观察，掌握裸子植物的基本特征，了解其在植物界中的系统地位。

（2）学习鉴定裸子植物的基本方法，识别常见种类。

二、实验用品

1. 实验材料

永久制片：松属植物大、小孢子叶球纵切制片。

浸制标本：银杏大、小孢子叶球和种子，松属大、小孢子叶球。

腊叶或新鲜标本：常见或重要的裸子植物标本，如苏铁（*Cycas revoluta*）、银杏（*Ginkgo biloba*）、华山松（*Pinus armandii*）、油松（*Pinus tabulaeformis*）、白皮松（*Pinus bungeana*）、冷杉（*Abies fabri*）、云杉（*Picea asperata*）、杉木（*Cunninghamia lanceolata*）、水杉（*Metasequoia glyptostroboides*）、侧柏（*Platycladus orientalis*）、柏木（*Cupressus funebris*）、圆柏（*Sabina chinensis*）、刺柏（*Juniperus formosana*）、罗汉松（*Podocarpus macrophyllus*）、三尖杉（*Cephalotaxus fortunei*）和红豆杉（*Taxus chinensis*）等。

2. 实验器具

显微镜、放大镜、镊子。

三、实验内容和方法

裸子植物通常包括5个纲，即苏铁纲（Cycadopsida）、银杏纲（Ginkgopsida）、松柏纲（Coniferopsida）、红豆杉纲（Taxopsida）和买麻藤纲（Gnetopsida）。

（一）苏铁纲

现存仅1目，3科，11属，约209种，主要分布于热带及亚热带地区。我国有苏铁属1属，约15种。

代表植物为苏铁科的苏铁（*Cycas revoluta*），常绿乔木，树高可达20m。茎干圆柱状，通常不分枝。茎部密被宿存的叶基和叶痕，并呈鳞片状。叶集生于茎顶，一回羽状深裂，革质，边缘向下卷曲，幼叶蜷卷，脱落后茎上残留有叶迹。雌雄异株。小孢子叶球（雄球花）圆柱形，由许多鳞片状小孢子叶（雄蕊）螺旋状紧密地排列在轴上组成。大孢子叶球（雌球花）扁球形，丛生于枝顶，黄褐色，由1簇羽毛状的大孢子叶组成。大孢子叶上部羽状分裂，下部形成狭长的柄，柄的两侧生有2～6枚胚珠。

（二）银杏纲

本纲仅银杏科银杏属银杏（*Ginkgo biloba*）1种，是中国特有的著名孑遗植物。银杏属于落叶乔木，有营养性长枝和生殖性短枝之分。取银杏的球果枝，观察叶的形状及叶在长、短枝上的着生方式。银杏为雌雄异株植物，大、小孢子叶球均着生于短枝顶部的叶腋处。小孢子叶球（雄球花）呈柔荑花序状（图18-1A），具多数螺旋状排列的小孢子叶，每个小孢子叶具2个花粉囊；大孢子叶球（雌球花）具1长柄，柄端分两叉，其上分别着生1枚直立胚珠，每个胚珠基部有1环状珠领（图18-1B）。同时，观察银杏种子的外形，并作纵向解剖，注意仔细观察外、中、内3层种皮及其内的胚和胚乳。

 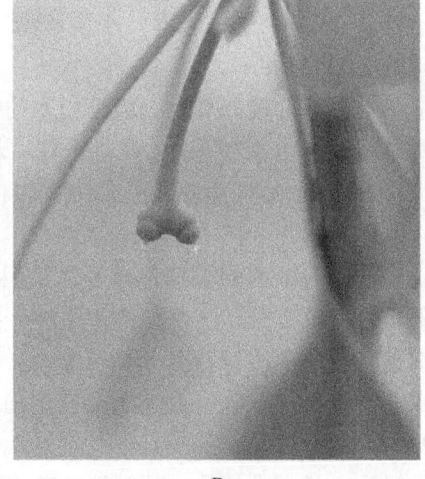

图18-1 银杏雄球花（A）、雌球花（B）

（三）松柏纲

松柏纲包括 44 属，约 400 余种植物，隶属于松科（Pinaceae）、杉科（Taxodiaceae）、柏科（Cupressaceae）和南洋杉科（Araucariaceae）4 科。我国分布有 3 科，23 属，约 150 种。

1. 松科

常绿或落叶乔木，有长短枝之分。叶针形或线性，针叶常 2～5 针 1 束，在长枝上螺旋状排列，在短枝上簇生。松科一般为雌雄同株植物。大、小孢子叶球均螺旋状排列，每个小孢子叶上生有 2 个小孢子囊，小孢子多数有气囊。大孢子叶由珠鳞和苞鳞组成，珠鳞的腹面生有两个倒生胚珠，苞鳞与珠鳞分离（仅基部结合），种子常有翅。

取校园内广泛栽培的油松和白皮松新鲜枝条观察，区分长枝和短枝，注意观察短枝上是否具叶鞘，针叶生于何处，油松和白皮松的针叶分别为几针 1 束。取幼小的孢子叶球观察，注意油松大、小孢子叶球着生的位置。再取小孢子叶球（雄球花）纵切片观察，注意小孢子叶的数目及外形，每个小孢子叶具几个花粉囊，囊内有无花粉粒。观察油松大孢子叶球（雌球花）的外形，注意珠鳞的数目和排列方式，取下 1 片珠鳞，注意观察其形态，珠鳞的腹面是否存在胚珠。背面有无苞片，珠鳞与苞鳞合生还是分离。再观察油松和白皮松成熟的球果，取其中 1 片种鳞，指出鳞盾和鳞脐，每个种鳞内侧有几粒种子。再取华山松的新鲜枝条，同以上方法进行观察，注意与油松的区别。

2. 杉科

常绿或落叶乔木。叶有鳞形、条形或披针形等，一般螺旋状排列。雌雄同株；小孢子叶具 2～9 个小孢子囊，小孢子无气囊。珠鳞与苞鳞半合生（仅顶端分离），每种鳞具 2～9 粒种子。

取杉木带叶的枝条观察。可见杉木的叶条状披针形，在小枝上螺旋状排列，背面具两条明显的白色气孔带。雌雄同株。雄球花簇生枝顶，雌球花单生或簇生枝端。苞鳞大，珠鳞小，每株鳞腹面基部生有 3 枚胚珠，球果近圆形或卵圆形，种子扁平，褐色，两侧具翅。

观察校园内水杉的植株体外形。为落叶乔木，叶扁平条形，在小枝上交互对生，在基部扭转排成 2 列，冬季与侧生小枝一起脱落。雌雄同株，雄球花具短柄，呈总状或圆锥状花序；雌球花具长柄，有 22～28 片交互对生的珠鳞。球果下垂，近球形、木质。水杉是我国特有的著名孑遗植物，被称为活化石。

3. 柏科

常绿乔木或灌木植物，叶鳞形或刺形；鳞叶交互对生，刺叶 3 或 4 轮生。柏科一般雌雄同株或异株。小孢子叶有 3～8 对，交互对生。珠鳞与苞鳞完全合生。

取校园内侧柏的新鲜绿色枝条观察。可见侧柏为常绿乔木，叶为鳞形，交互对生，先端尖，小枝扁平。雌雄同株，球花单生于短枝顶端。球果当年成熟，卵圆形，成熟前绿色，被白粉，熟后木质张开，红褐色。种鳞4对，种子卵圆形或长卵形，无翅或有棱脊。另取圆柏带球果的枝条进行仔细观察。植物体为常绿乔木。叶在幼枝上全为刺形，随着树龄的增长，刺形叶逐渐被鳞形叶代替。刺形叶3轮生或交互对生，上面有两条白色气孔带，鳞形叶排列紧密，交互对生。背面近中部有腺体。雌雄异株。球果成熟时种鳞愈合，肉质浆果状，被白粉，熟时褐色，具1~4粒种子。另取柏木枝条观察。植物体为常绿乔木，注意叶形及叶的排列有什么特点。球果成熟时开裂与否，种鳞的形态如何，与侧柏和圆柏比较有什么不同。

（四）红豆杉纲

本纲包含14属，162种，隶属于罗汉松科（Podocarpaceae）、三尖杉科（Cephalotaxaceae）和红豆杉科（Taxaceae）3科。我国分布有3科，7属，33种。

1. 罗汉松科

主要特征：雌球花顶部珠鳞具1枚直立或近于直立的胚珠。种子核果状或坚果状，生于肉质或干瘦的种托上。

取罗汉松带球果枝观察。常绿乔木，叶条状披针形，先端渐尖或钝尖，有显著隆起的中脉。小孢子叶球穗状，具2个小孢子囊。大孢子叶球单生于叶腋，有梗。种子卵圆形，成熟时紫色，被白粉，着生于肥厚而肉质的种托内。

2. 三尖杉科

三尖杉：叶线状披针形，螺旋状排成2列，交互对生或近对生，先端渐尖。叶面有突起的中脉，叶背中脉两侧各有1条白色气孔带。雌雄异株，小孢子叶球聚生成头状，有明显的总梗。雌球花生于小枝基部苞片的腋部，每个苞片的腋部生有两枚直立的胚珠。种子核果状，生于由株托发育而成的肉质假种皮中。

3. 红豆杉科

红豆杉科植物一般为常绿乔木，雌雄异株植物，花粉无气囊，具有肉质的假种皮。红豆杉：条形叶，螺旋状排列，基部扭转成2列，边缘微反曲，先端渐尖或微急尖。叶下部沿中脉两侧有4条灰绿色气孔带。雌雄异株，球花单生于叶腋。胚珠1枚，基部具盘状或漏斗状的株托；种子扁卵圆形，生于由株托肉质化而成的假种皮中。

（五）买麻藤纲

买麻藤纲包含3目，3科，3属，约80种。我国有2目，2科，2属，19种。

1. 麻黄科

灌木、亚灌木或草本状，具多个分枝。小枝对生或轮生，具明显的节，叶退化成鳞片状，对生或轮生，2 或 3 片合生成鞘状。雌雄异株，稀同株。小孢子叶球单生或数个纵生，或 3～5 个组成复穗状，具多数膜质苞片，每苞片着生 1 个小孢子叶球。大孢子叶球具 2～8 对交互对生或 3 片轮生的苞片，仅顶端的 1～3 枚苞片生有 1～3 枚胚珠。种子浆果状，俗称"麻黄果"。

2. 买麻藤科

大多为常绿木质藤本，极少数是灌木或乔木。买麻藤科植物的茎节明显，呈膨大关节状。单叶对生，具柄，叶片草质或半草质。该科植物一般雌雄异株，稀同株。大孢子叶球伸展呈穗状，具多轮合生环状总苞。小孢子叶球序单生，或数个组成顶生或腋生的聚伞状花序，各轮总苞内有多数小孢子叶球。胚珠具两层株被。种子核果状，包于红色或橘红色的肉质假种皮中。

四、课堂作业

（1）绘制银杏大孢子叶的外部形态和种子的纵剖面图，注明各部分名称。
（2）绘制油松珠鳞的背、腹面观，注明胚珠着生的位置。
（3）绘制松属植物的成熟花粉粒，注明各部分名称。

五、思考题

（1）如何区别松科、杉科和柏科？
（2）举例说明什么是珠鳞，什么是种鳞，什么是大孢子叶。
（3）苏铁和蕨类有什么相似特征，说明什么问题？
（4）银杏的"白果"是果实还是种子，为什么？
（5）裸子植物的主要特征是什么？与苔藓植物和蕨类植物相比，有哪些特征更适应陆地生活？

实验十九

根的形态结构与发育

根一般生长在地下，具有固着、吸收、输导等功能。植物的初生根（主根）是由种子中的胚根发育而来，经过生长会形成侧根、不定根等。双子叶植物的根还能进行次生生长，形成次生结构。虽然不同的植物有不同的根系类型，而且构成根系的有主根、侧根或不定根，但它们具有基本一致的结构。

一、实验目的和要求

（1）掌握根尖的外形、分区与内部构造。
（2）掌握单、双子叶植物根初生构造的基本特点。
（3）掌握根维管形成层的发生及次生构造的形成与结构。
（4）了解侧根发生的部位与形成规律。

二、实验用品

1. 实验材料

新鲜培养的长 3～5cm 的拟南芥幼根，玉米根尖纵切片，棉花幼根横切片，小麦根横切片，向日葵老根横切片，蚕豆侧根发生的横、纵切片。

2. 药品与试剂

MS 培养基、PBS 溶液。

3. 实验器具

显微镜、镊子、载玻片、盖玻片。

三、实验内容和方法

（一）根尖的外形与分区

1. 材料的培养

在实验前 7～9 天，将拟南芥种子表面消毒后，点种于 MS 固体培养基上（含

1%琼脂),于4℃条件下低温处理两天后,于22℃下垂直培养,待幼根长到3~5cm时,即可作为实验观察的材料。

2. 根尖外形与分区的观察

选择生长较直的拟南芥小苗,置于干净载玻片上,滴上1滴PBS溶液,盖上盖玻片用显微镜观察它的外形和分区。根冠位于幼根最先端略为透明部分,呈帽状;分生区(生长点)在根冠内方,是不透明略带黄色的部分;伸长区位于分生区之后,是光滑无根毛略透明的部分;根毛区(成熟区)位于伸长区之后,密布白色茸毛,即具根毛的部分。在这4部分中,根毛区所占的比例最大。

(二)根尖的内部构造

取玉米根尖纵切片,观察根尖各区细胞的特点。

1. 根冠

根冠在根尖最先端,套在生长点外方保护生长点。由许多着色较浅的薄壁细胞组成,外层细胞较大,有些细胞已从根冠表面脱落,而内部贴近生长点的细胞,形小而质浓,是特殊的分生组织,能形成新细胞不断补充根冠。

2. 分生区

分生区为根冠内侧长1~2mm的区域,由排列整齐紧密的小型等径细胞组成。其细胞壁薄、核大质浓,细胞具有强烈分生能力,在高倍镜下仔细观察,可看到处于不同分裂时期的细胞。

3. 伸长区

伸长区位于分生区上方,由分生区的细胞分裂而来,长2~5mm,此区特点是细胞逐渐停止分裂,一方面沿纵轴方向伸长,另一方面细胞逐步分化,向成熟区过渡。一般细胞内均有明显的液泡,有的切片中能见到一些较宽而长的成串细胞。

4. 成熟区(根毛区)

成熟区位于伸长区上方,表面密被根毛的区域。该区细胞的生长已基本停止,中央部分可见到已分化成熟的组织,换高倍镜可以观察到螺纹、环纹导管。

(三)根的初生结构

1. 双子叶植物根的初生结构

取棉花幼根横切片,在低倍镜下区分出根的初生结构的表皮、皮层和中柱3大部分后,再换高倍镜由外而内进行详细观察(图19-1A)。

(1)表皮:表皮位于幼根最外层,由排列紧密、较小的细胞组成,在横切面上呈近方形,可见有的细胞外壁向外突起并延伸形成根毛,但多数材料在制片过程中损坏了根毛只留下根毛残体。

(2) 皮层：皮层在表皮以内，占据根横切面大部分面积，由多层薄壁细胞组成。与表皮相接的 1 或 2 层排列紧密且形状规则的薄壁细胞，称为外皮层；其内几层至十几层大型薄壁细胞，排列疏松，有明显的胞间隙，称为皮层薄壁细胞；最内连接维管柱的 1 层细胞为内皮层，内皮层细胞的径向壁（侧壁）与上、下壁上常局部增厚并栓质化，连成环带状，称为凯氏带，但在横切面上只能看到径向壁上增厚的部分——被染成红色的凯氏点。

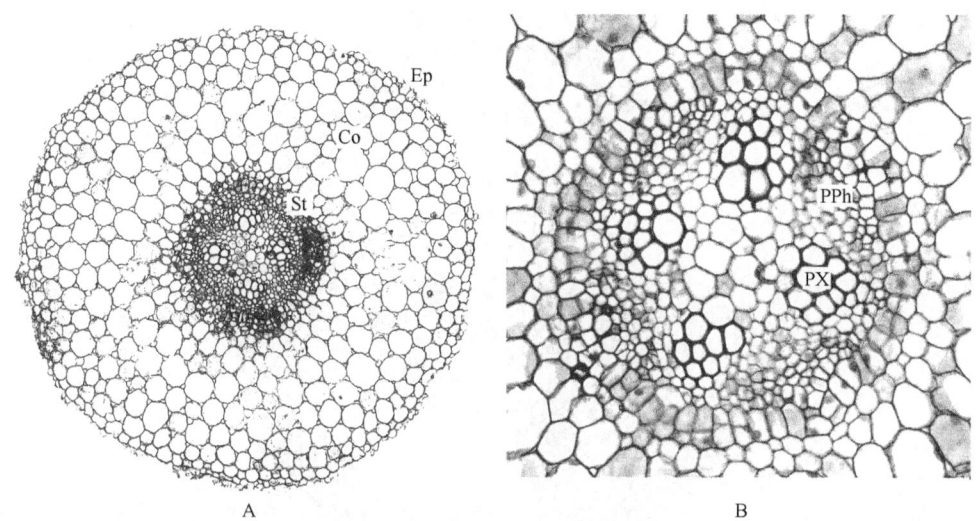

图 19-1 棉花幼根横切面（A）、维管柱横切面（B）（引自冯燕妮和李和平，2013）
Ep. 表皮；Co. 皮层；St. 维管柱；PPh. 初生韧皮部；PX. 初生木质部

(3) 中柱：位于幼根的中央部分，由中柱鞘、初生木质部、初生韧皮部组成（图 19-1B）。

中柱鞘：中柱最外层，紧接内皮层，通常由 1 或 2 层排列整齐而紧密的细胞组成。双子叶植物的中柱鞘保持着分生组织的特点和分生的功能，在根的进一步发育中起重要作用。

初生木质部：常排列成 4～6 束，呈星芒状，主要由导管和管胞组成。这些管状分子的细胞壁常被染成红色，但管径大小不一，靠近中柱鞘的导管最先发育，口径小，是一些螺纹和环纹加厚的导管，称为原生木质部。分布在近中心位置的导管，口径大，分化较晚，为后生木质部。这种导管发育顺序的先后，可说明根的初生木质部是外始式的，这是根初生构造的特征之一。

初生韧皮部：初生木质部束的两个放射棱之间被染成绿色的细胞，即初生韧皮部。它与初生木质部相间排列，由筛管、伴胞等构成。

此外，在初生木质部和初生韧皮部之间，还分布着薄壁组织，当根进行次生生长时它将分化成维管形成层的一部分。

2. 单子叶植物根的初生结构

单子叶植物的根没有形成层的产生，因此，根的生长一般都停留在初生生长阶段，不再加粗，仅有初生结构。

取小麦根横切片在低倍镜下观察，可见也有表皮、皮层和中柱3个部分（图19-2），再用高倍镜仔细观察各部分。

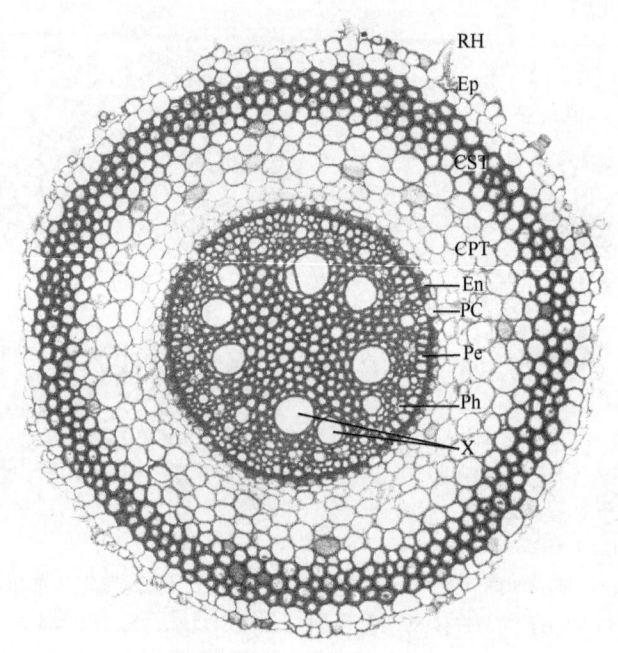

图 19-2　小麦根横切面（引自冯燕妮和李和平，2013）
RH. 根毛；Ep. 表皮；CST. 皮层厚壁组织；CPT. 皮层薄壁组织；En. 内皮层；PC. 通道细胞；
Pe. 中柱鞘；X. 木质部；Ph. 韧皮部

（1）表皮：最外1层细胞，常见有突起的根毛。

（2）皮层：紧接着表皮的1或2层为外皮层，细胞小，排列紧密；外皮层以内为皮层薄壁细胞，数量较多。皮层最内1层细胞是内皮层，其细胞壁除外切向壁未增厚外，其余5面均增厚并木栓化，在横切面上呈马蹄形，但正对初生木质部放射棱处的内皮层细胞其壁常不增厚，这些细胞称为通道细胞。

（3）中柱：内皮层以内就是中柱，细胞小而密集，由中柱鞘、初生木质部、初生韧皮部和薄壁细胞几部分组成。在高倍镜下进一步观察中柱各部分的细胞特点，并与双子叶植物幼根结构的相应部位进行比较。

（四）双子叶植物根的次生结构

取向日葵老根横切片，在低倍镜下由外而内观察周皮、次生韧皮部、维管形成层、次生木质部、初生木质部及射线所在位置及所占的比例（图 19-3），然后转换至高倍镜仔细观察各个部分的结构特点。

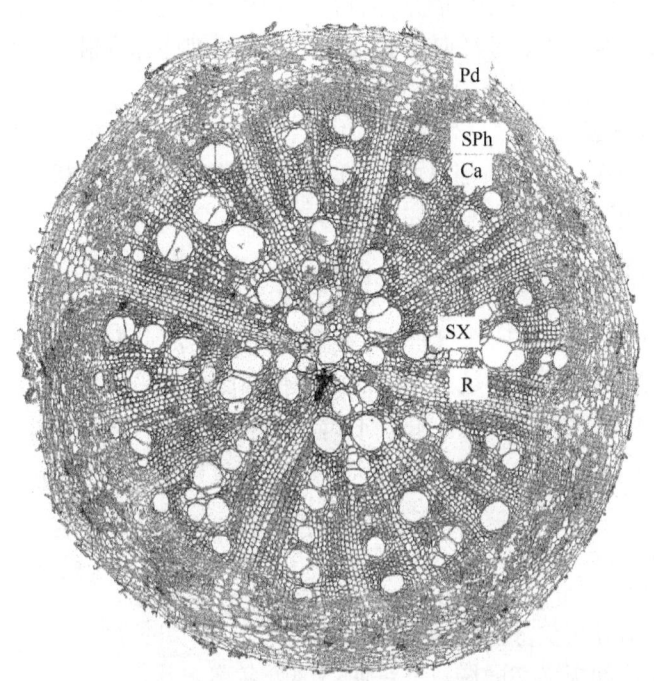

图 19-3　向日葵老根横切面（引自冯燕妮和李和平，2013）
Pd. 周皮；SPh. 次生韧皮部；Ca. 形成层；SX. 次生木质部；R. 射线

1. 周皮

周皮是老根最外面几层细胞，包括木栓层、木栓形成层和栓内层。木栓层是最外面 2 或 3 层长扁形被染成黄褐色、排列紧密、细胞壁栓化的死细胞；木栓形成层位于木栓层之内，被染成绿色的扁平细胞，具原生质体，细胞壁不栓化，为生活细胞；栓内层位于木栓形成层内侧，有 2 或 3 层较大的薄壁细胞。

2. 次生韧皮部

次生韧皮部在周皮之内，包括筛管、伴胞、韧皮薄壁细胞和韧皮纤维。除韧皮纤维被染成红色外，大部分细胞呈蓝绿色。注意在横切面上筛管和韧皮薄壁细胞形态相似，常不易区分。此外，还可见许多薄壁细胞径向排列成行，呈放射状，为韧皮射线。

3. 维管形成层

维管形成层位于次生木质部和次生韧皮部之间，有几层扁长方形的细胞，被染成浅绿色。理论上形成层只有 1 层细胞，但由于刚分裂出来的细胞尚未分化成熟，因此在横切面上所看到的是由多层扁平细胞组成的"形成层区"。

4. 次生木质部

次生木质部在横切面上占主要部分，细胞壁常被染成红色，包括导管、管胞、木纤维和木薄壁细胞。口径大的是导管，口径较小的是难以区分的管胞和木纤维，还有许多被染成绿色的、呈径向放射状排列的薄壁细胞称木射线。木射线和韧皮射线是连在一起的，合称为维管射线。

5. 初生木质部

初生木质部在次生木质部以内，仍保留在根的中心呈星芒状，它的存在是区分根的次生结构和茎的次生结构的主要标志之一。

（五）侧根的发生

取蚕豆侧根发生的横、纵切片，置低倍镜下观察，可见正对着初生木质部放射棱处有侧根的生长点，它是由此处的中柱鞘细胞向外平周分裂，然后向各个方向分裂产生的。生长点细胞继续分裂、生长、分化，其穿过皮层、突破表皮而形成了侧根。

四、课堂作业

（1）绘拟南芥根尖分区轮廓图。
（2）绘棉花幼根横切面图，并注明各部分名称。
（3）绘向日葵老根横切面图，并注明各部分名称。

五、思考题

（1）玉米根尖各区域细胞分别具有哪些形态特征？试从根尖的细胞结构特点分析根的伸长生长过程。

（2）双子叶植物的根由初生结构发育到次生结构发生了哪些变化？减少了哪些部分，增加了哪些部分？为什么？

（3）中柱鞘细胞具有脱分化恢复分裂的能力，你知道它和根的哪些生长相关吗？

实验二十

茎的形态和初生结构

茎是在根和叶之间起连接和支持作用的轴状结构，其上着生叶、花和果实。因此其解剖结构比根复杂得多，茎的初生结构与根一样也由3种组织系统构成，但其在不同类群植物之间有着非常复杂的变化，这是由于基本组织与维管组织相对分布不同造成的。

一、目的与要求

（1）了解茎的基本形态。
（2）掌握单、双子叶植物茎的初生结构。

二、实验用品

1. 实验材料

黄杨、杨柳、海棠、梨等枝条，向日葵幼茎的新鲜材料和永久横切片，玉米茎横切片、小麦幼茎横切片。

2. 药品与试剂

蒸馏水，I_2-Ik 溶液。

3. 实验器具

显微镜，镊子，载玻片，盖玻片，吸水纸。

三、实验内容和方法

（一）茎（枝条）的基本形态

（1）取多年生木本植物（黄杨、杨柳等）的枝条，观察其形态特征，并辨认出节与节间、顶芽与腋芽（侧芽）、叶痕与叶迹（束痕）、芽鳞痕和皮孔。

节与节间：枝（茎）上着生叶的部位称为节，两节之间的部分叫节间。

顶芽与腋芽：着生在枝条顶端的芽叫顶芽，着生在叶腋处的芽叫腋芽。

叶痕与叶迹：叶自然脱落后在茎上留下的疤痕叫叶痕。叶痕上的点状突起叫叶迹，叶迹是叶柄与枝条相连的维管束断离后留下的痕迹。

芽鳞痕：春季由冬芽发育为新枝时，芽鳞（片）脱落后留下的痕迹。

皮孔：为茎表面突起的裂缝状小孔，是通气结构。

（2）取多年生木本植物（海棠、梨等）的枝条，区别长枝和短枝。

长枝：节间显著伸长的枝条。

短枝：节间较短、紧密相接的枝条，一般果树只在短枝上开花结果，因此也叫果枝。

（二）双子叶植物茎的初生结构

1. 观察永久横切片

取向日葵幼茎横切片，在低倍镜下观察，先区分表皮、皮层和维管柱，并观察维管束的排列和位置（图 20-1A）。再转到高倍镜下对每一部分作详细观察。

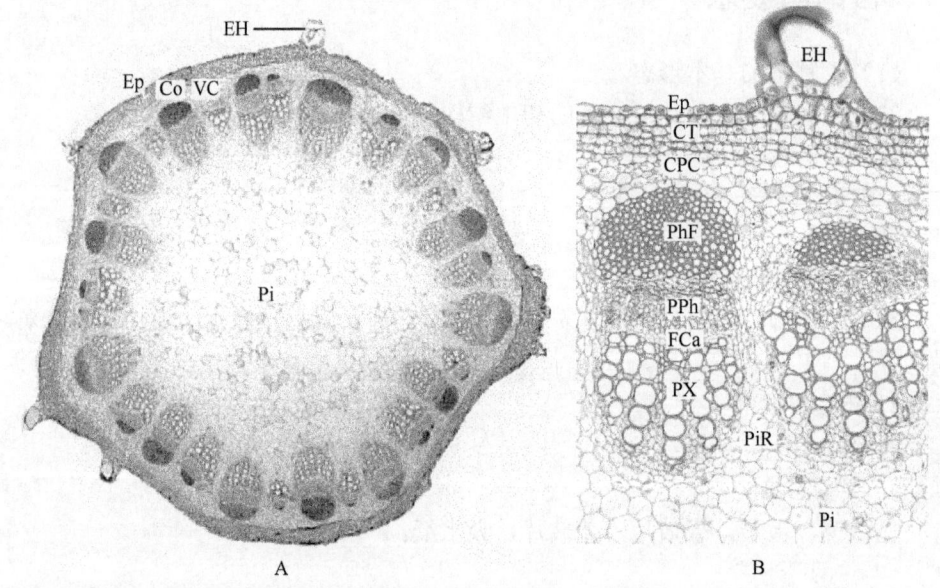

图 20-1 向日葵幼茎的横切面（A）及维管束放大（B）（引自冯燕妮和李和平，2013）

EH. 表皮毛；Ep. 表皮；Co. 皮层；VC. 维管柱；Pi. 髓；CT. 厚角组织；CPC. 皮层薄壁细胞；PhF. 韧皮纤维；PPh. 初生韧皮部；FCa. 束中形成层；PX. 初生木质部；PiR. 髓射线

1）表皮

表皮为幼茎最外 1 层细胞，属于保护组织。细胞较小，排列整齐而紧密，外壁有角质层，有的表皮细胞分化有表皮毛，有时还可以在表皮上看到气孔。

2）皮层

皮层为表皮以内、维管柱以外的部分。紧贴表皮内方棱角处的几层细胞比较小，在角隅处稍有加厚，是厚角组织。在茎棱处厚角组织的层数更多。厚角组织的内侧是数层薄壁细胞，常含有叶绿体。皮层的最内1层细胞内，常贮有丰富的淀粉粒，称淀粉鞘（在永久制片中看不清楚）。

3）维管柱

维管柱所占面积比较大，由维管束、髓射线和髓3部分组成。

（1）维管束：在茎的横切面上排成一环，将皮层和髓分隔开。每个维管束由初生韧皮部、束中形成层和初生木质部组成。其中韧皮部在外方，木质部在内方，由于束中形成层的存在，属于无限维管束类型（图 20-1B）。韧皮部最外方有几层韧皮纤维，其内才是筛管、伴胞和韧皮薄壁细胞。木质部靠近茎中心的导管口径小，在外方的导管口径较大，因此木质部的发育是内始式。形成层细胞在横切面上呈扁平状。

（2）髓射线：存在于两个维管束之间的薄壁细胞，连接皮层和茎中央的髓。髓至皮层薄壁细胞之间的物质由此运输，并兼有贮藏功能。

（3）髓：位于茎的中央，是维管柱中心的薄壁细胞，排列疏松，常具贮藏功能。

2. 制作切片并观察

按照徒手切片程序和操作要点，取向日葵或其他幼茎做徒手切片，先不染色，在水装片中观察厚角组织细胞壁的加厚、叶绿体在茎细胞中的分布，然后用 I_2-KI 溶液染色，观察皮层最内层细胞是否有淀粉粒存在。

（三）单子叶植物茎的结构

大多数单子叶植物的茎中无形成层，因此只有初生结构，构造比较简单。它们的初生结构与双子叶植物比较，主要不同点是其维管束呈散生状态，分布于基本组织中，没有皮层和维管柱的明显界限，常见的类型有两种。

1. 不具髓腔（实心）茎

取玉米茎横切片观察如下结构。

（1）表皮：为茎的最外1层细胞，排列整齐，外壁有较厚的角质层，其间有气孔器，保卫细胞很小，两侧的副卫细胞稍大，均被染成红色，中间裂缝为气孔。

（2）机械组织：靠近表皮的数层细胞较小，排列紧密，细胞壁有木质化增厚，称下皮，有机械支持作用（由于制片时取材老嫩程度不同，这圈组织的细胞层数和胞壁加厚情况不同）。

（3）基本组织：机械组织以内的大型薄壁细胞，细胞较大，排列疏松，有胞间隙。靠外部的几层细胞中含有叶绿体。

（4）维管束：星散分布在机械组织和基本组织中，外周维管束数量多、个体较小，而中部数量少、个体较大。换高倍镜仔细观察一个维管束的结构，其外围有1圈由厚壁细胞构成的维管束鞘，鞘内是木质部和韧皮部，两者之间没有形成层。其中木质部常含有3或4个口径较大的导管，在横切面上呈"V"字形，导管之间还有一些管胞。在"V"字形的底部有1个空腔，是由于茎的伸长将一些导管拉破而形成的。韧皮部位于木质部外方，可以观察到多边形的筛管和一些较小的略呈方形的伴胞。

2. 具髓腔（空心）茎

取小麦幼茎（节间）横切片观察，与玉米茎结构相比，主要区别在于其茎秆中央有髓腔。除此以外，小麦茎基本组织的分化比玉米茎复杂，除去机械组织和无色的薄壁组织外，还包括绿色的同化组织（含叶绿体）。其维管组织由内、外两圈维管束组成，外圈维管束小，分布在机械组织中，常与含叶绿体的同化组织相间排列；内圈维管束大且位于薄壁组织中。维管束的结构和玉米相似。

四、课堂作业

（1）绘向日葵幼茎横切面的一部分（包括1个维管束），并注明各部分的名称。

（2）绘玉米茎横切面的一部分，并注明各部分的名称。

五、思考题

（1）玉米、甘蔗等单子叶植物的茎从幼苗期至成熟期也会有一定程度的加粗，这与双子叶植物茎的加粗有什么不同？

（2）比较双子叶植物根、茎初生结构的异同点。

实验二十一

茎的次生结构

多年生双子叶植物和裸子植物茎发育到一定阶段，茎中侧生分生组织（包括维管形成层与木栓形成层）便开始分裂、生长和分化，使茎加粗，这一过程称为次生生长，次生生长产生的次生组织组成茎的次生结构。

一、实验目的与要求

（1）掌握双子叶木本植物茎的次生结构的基本特征，并了解其形成过程。
（2）了解裸子植物茎的构造特征。

二、实验用品

木槿茎（3年生）横切片、油松茎（2年生）横切片。

三、实验内容和方法

（一）双子叶木本植物茎的次生结构

取木槿茎（3年生）横切永久制片，先在低倍镜下观察全貌。区分次生结构的各个部分，由外而内依次为表皮（或无）、周皮、皮层、初生韧皮纤维、初生韧皮部、次生韧皮部、维管形成层、次生木质部、初生木质部、髓（图21-1）。再转换高倍镜仔细观察每一部分的组成和细胞特点。

1. 表皮
表皮已基本脱落，仅存部分残片，位于茎的最外层。

2. 周皮
周皮属于次生保护组织，由木栓层、木栓形成层和栓内层组成，在切片中被染成红色；包括多层扁平细胞，整齐而紧密。此外，在周皮的某些部位可见皮孔。

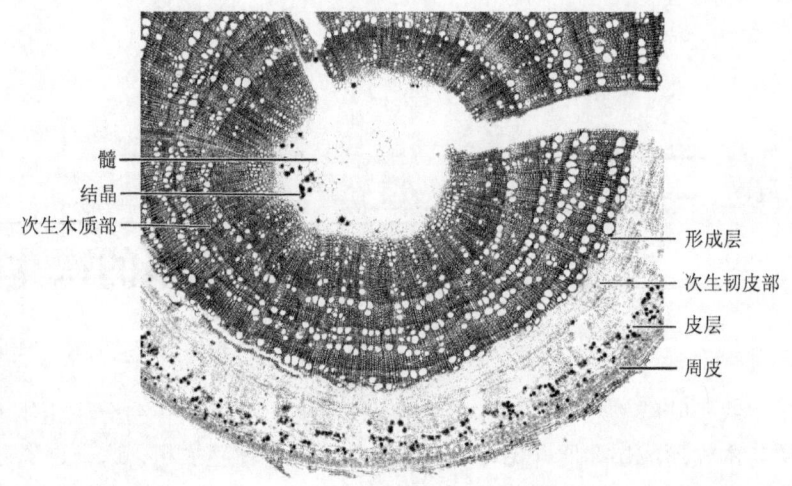

图 21-1 3 年生木槿茎的横切面

3. 皮层

皮层是周皮以内、维管柱以外的部分,是初生结构的残留成分。仅有数层厚角组织和薄壁细胞,有些薄壁细胞内含有晶簇。

4. 初生韧皮纤维及初生韧皮部

在皮层内方有成束存在的韧皮纤维比较完整地保留下来,常被染成蓝色或淡红色。在初生韧皮纤维与次生韧皮部之间,可见被挤压的初生韧皮部。

5. 次生韧皮部

次生韧皮部中的筛管、伴胞和韧皮薄壁细胞常与韧皮纤维交替出现,使整个组织形如梯田状。在这部分还有韧皮射线存在。

6. 维管形成层

维管形成层理论上为 1 层细胞,但若其分裂出来的细胞还未分化成木质部和韧皮部的组织,那么这种扁平细胞看上去有 3~5 层之多,细胞排列整齐、着色较浅,在径向壁连成一线。

7. 木质部

木质部位于形成层以内,在横切面上占有最大的面积,主要是次生木质部。由导管、管胞、木薄壁细胞、木纤维和木射线共同组成。在四季分明的地区,由于不同生长季节细胞的生长速率不同,所形成的细胞直径大小和细胞壁厚薄不同,前一年夏秋形成色深的木质部(晚材)和当年春季形成色浅的木质部(早材)之间有较明显的界线,呈现同心环状的年轮线,可以据此判断植物的生长年限。紧靠髓周围的是几束初生木质部,在老茎中一般不易辨别。

8. 髓

髓位于茎的中心,由薄壁细胞组成。有些细胞含结晶。

（二）裸子植物茎的构造

裸子植物茎的内部结构与一般双子叶木本植物茎的结构基本相同。但裸子植物茎的皮层薄壁细胞中一般有分泌细胞围成的树脂道；韧皮部只具筛管而无伴胞，木质部只具管胞而无导管和典型的纤维（图 21-2）。

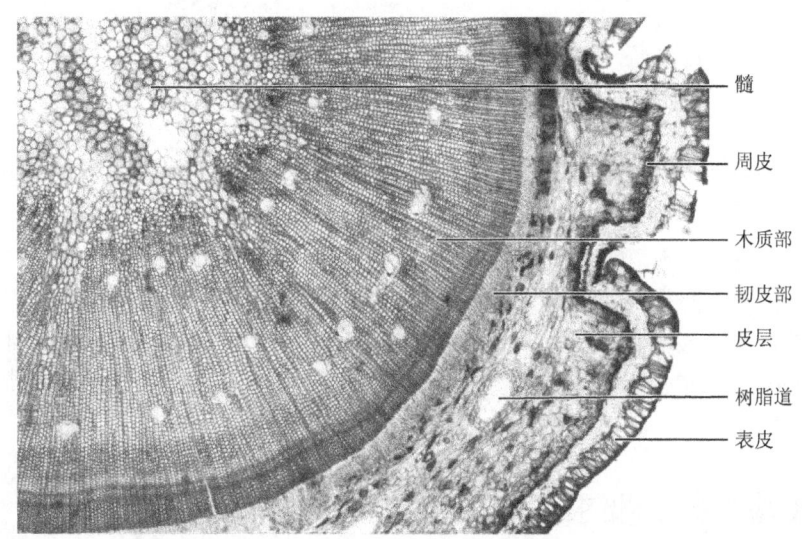

图 21-2　2 年生油松茎的横切面

四、课堂作业

绘制双子叶木本植物茎的次生结构简图，并注明各部分结构的名称。

五、思考题

（1）根、茎木栓形成层的发生和活动有何不同？周皮和树皮的概念有何不同？

（2）根的维管形成层与茎的维管形成层出现过程有何不同？

（3）列表小结双子叶木本植物（木槿）和裸子植物（油松）茎在结构组成方面的异同点。

实验二十二

叶的形态和结构

叶是植物进行光合作用和蒸腾作用的重要器官，除此之外，叶还有呼吸作用和繁殖作用。植物的叶通常由叶片、叶柄和托叶 3 个部分组成。3 部分都具有的称为完全叶，如棉花、桃、豌豆等。而缺少其中任何一部分或两部分的叶称为不完全叶，如甘薯、油菜、向日葵等的叶缺少托叶；烟草、莴苣等的叶缺少叶柄和托叶；还有些植物的叶甚至没有叶片，只有一扁化的叶柄着生在茎上，称为叶状柄，如台湾相思树（*Acacia confusa*）等。在植物的各种器官中，叶的形态结构最易随着生态环境的不同而发生变异。叶片的结构分为表皮、叶肉和叶脉 3 部分。

一、实验目的和要求

（1）掌握单、双子叶植物叶的基本构造。
（2）了解裸子植物叶的基本构造。
（3）观察各种变态器官的形态特点。

二、实验用品

1. 实验材料

棉花叶片，女贞叶片，小麦叶片，水稻叶片，玉米叶片，油松针叶，棉花叶横切制片，女贞叶横切制片，小麦叶横切制片，水稻叶横切制片，油松针叶横切制片。

2. 实验器具

显微镜。

三、实验内容和方法

（一）叶片的外形、叶缘的类型、叶脉的种类和叶序（室外观察）

分双子叶植物、单子叶植物和裸子植物 3 个部分进行。

（二）双子叶植物叶片的结构

1. 棉花叶片

取棉花叶横切制片置显微镜下观察，先用低倍物镜观察，可看到棉花叶片由表皮、叶肉和叶脉3部分组成，然后转换高倍物镜，仔细观察每一部分的特点（图22-1）。

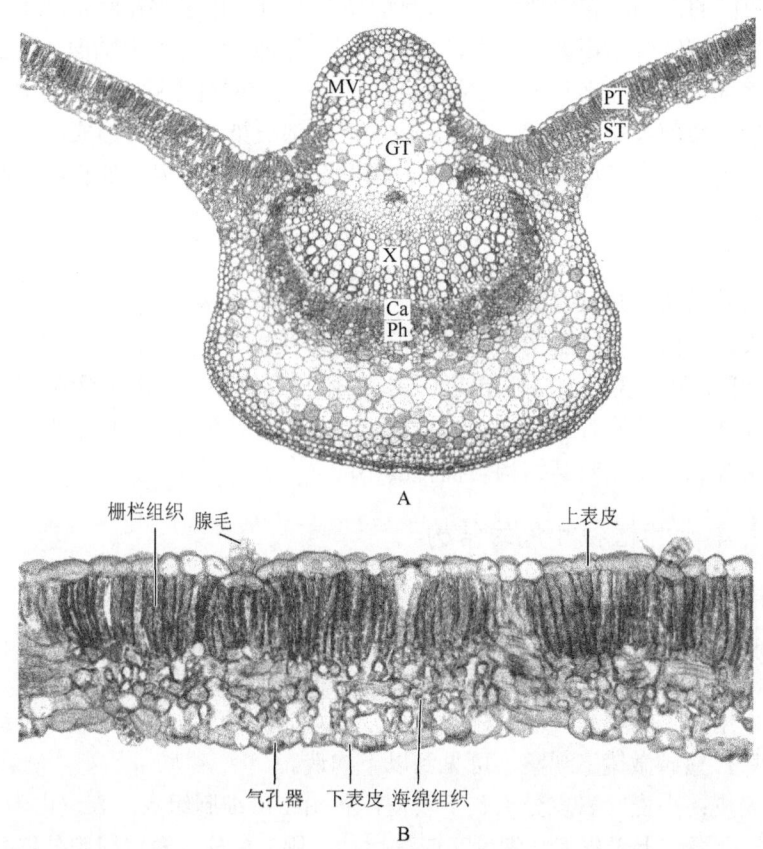

图 22-1　棉花叶片经主脉（A）及叶肉（B）的横切面（引自冯燕妮和李和平，2013）
MV. 主脉；GT. 基本组织；X. 木质部；Ca. 形成层；Ph. 韧皮部；PT. 栅栏组织；ST. 海绵组织

（1）表皮：位于叶的上、下表面，分别称为上表皮和下表皮。上、下表皮均由1层细胞组成，横切面呈长方形，细胞排列紧密、整齐，细胞中不含有叶绿体，外壁有透明角质层。表皮上有棒状或椭圆形表皮毛或腺毛。气孔在上、下表皮中均有分布，但下表皮为多，并能见到保卫细胞的横切面，在其内侧可看到有明显的气室。

（2）叶肉：位于上、下表皮之间，细胞中含有大量叶绿体。靠近上表皮，与其垂直的1层（或2层）排列整齐的长圆柱形薄壁细胞称为栅栏组织，细胞内含叶绿体较多，因此叶片上面绿色较深，是光合作用的主要场所。在栅栏组织和下表皮之间，有许多形状不规则、排列疏松的薄壁细胞称为海绵组织，细胞内含叶绿体较少，故绿色较浅，是既有光合作用又有通气功能的结构。由于叶片上、下表皮之间有栅栏组织和海绵组织，因此称该类叶为异叶面（图 22-1B）。

（3）叶脉：叶脉是叶肉中的维管束组织和机械组织，一般主脉比较粗大并且向下突出，两侧的为侧脉和细脉，大小不等，纵横排列。由于棉花叶是网状脉，故在切片上既能看到维管组织的横切面，又能看到纵切面。叶脉的近轴面（与上表皮接近）是木质部，远轴面（与下表皮接近）是韧皮部。两侧主脉在叶片上明显隆起，靠上表皮的木质部被染成红色，靠下表皮的韧皮部被染成绿色，形成层居于二者之间，但不发达。维管束四周有薄壁组织，其上下靠近上、下表皮处有数层厚角组织或厚壁组织。

2. 女贞叶片

取女贞叶横切制片置显微镜下观察，可看到以下结构。

（1）表皮：由 1 层细胞构成，表皮毛很少。

（2）叶肉：背腹型叶，栅栏组织 1 层，细胞排列整齐，富含叶绿体，叶色较深。

（3）叶脉：主脉维管束呈"V"形排列，在其上下方均有厚角组织分布，叶肉中没有分泌腔。注意比较其结构与棉花的不同。

（三）单子叶植物叶片的结构

1. 小麦或水稻

禾本科植物叶是单子叶植物结构比较特化的类型，与双子叶植物叶有很大不同，它们的叶片没有栅栏组织和海绵组织之分，因此被称为等面叶（图 22-2A）。根据光合作用方式的不同，禾本科植物可分为 C_3 植物和 C_4 植物。取小麦或水稻叶片横切制片，置显微镜下观察，可见到以下构造。

（1）表皮：小麦叶表皮分上、下表皮，各由 1 层细胞组成。表皮由表皮细胞、表皮毛、气孔器、上表皮泡状细胞（或称运动细胞）构成。表皮细胞外壁角质层增厚，并高度硅化，形成一些硅质和栓质乳突及附属毛。泡状细胞位于两个维管束之间，呈扇形，外壁无角质层增厚。上、下表皮均有气孔分布，可见保卫细胞和副卫细胞的横切面。

（2）叶肉：叶肉细胞比较均一，无栅栏组织和海绵组织之分，属等面叶。叶肉细胞不规则，其细胞壁向内皱褶，细胞间相互嵌合，细胞间隙较小。细胞含有丰富的叶绿体，并沿内叠的壁分布。小麦的叶肉细胞则形成具有"峰、谷、腰、环"结构的叶肉细胞（看叶肉分离细胞的示范切片）。水稻叶中有发达的气腔。注意比较小麦与水稻叶的不同。

（3）叶脉：叶脉为平行脉，见到的只有横切面。维管束有大有小，维管束鞘为两层细胞,外层细胞较大、壁薄、含少量叶绿体,内层细胞小、壁厚。木质部位于近轴面,韧皮部位于远轴面。叶肉细胞与维管束鞘细胞没有形成"花环型"结构,称为 C_3 植物。叶脉上下方都有机械组织将叶肉隔开而与表皮相连,属有限维管束,以中脉最明显,有机械支持作用。

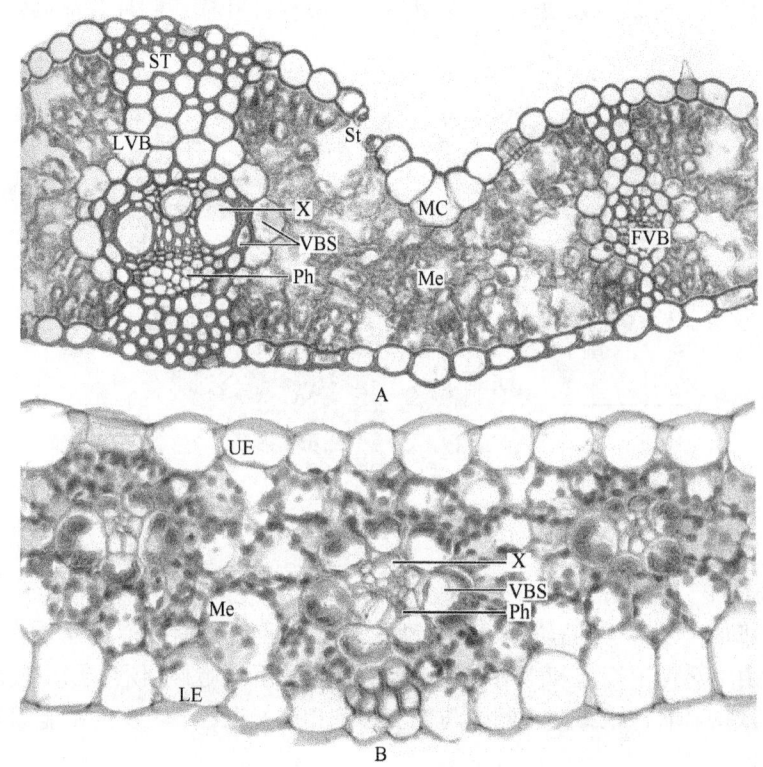

图 22-2 禾本科植物叶的结构(引自冯燕妮和李和平,2013)
A. 小麦叶横切面;B. 玉米叶横切面
FVB. 侧脉维管束;LVB. 维管束;MC. 泡状细胞;Me. 叶肉细胞;St. 气孔;ST. 厚壁组织;
VBS. 维管束鞘;X. 木质部;Ph. 韧皮部;LE. 下表皮;UE. 上表皮

2. 玉米叶

取玉米叶横切制片置显微镜下观察:其结构与小麦叶基本相似,叶片由表皮、叶肉、叶脉构成。表皮由表皮细胞、气孔器、泡状细胞、表皮毛构成。叶肉细胞同形,没有栅栏组织和海绵组织之分。叶脉是有限维管束,叶脉上、下方都有机械组织将叶肉隔开而与表皮相连。维管束外只有 1 层由较大薄壁细胞组成的维管束鞘,构成维管束鞘的细胞内含有大而浓密的叶绿体。围绕维管束鞘有 1 层呈放射状紧密排列的细胞,这些细胞中所含的叶绿体较维管束鞘细胞中的小一些,这种结构称为"花环形"结构,这是 C_4 植物所独有的构造(图 22-2B)。注意比较 C_3 植物与 C_4

植物维管束鞘的差异,有无"花环形"结构。

(四)裸子植物的叶片结构

以松属植物油松针叶为例,观察裸子植物叶片的构造。松属植物叶片一般为半圆形或三角形(图22-3),2~5针1束生长。取松针叶横切制片置显微镜下观察,可见到如下结构。

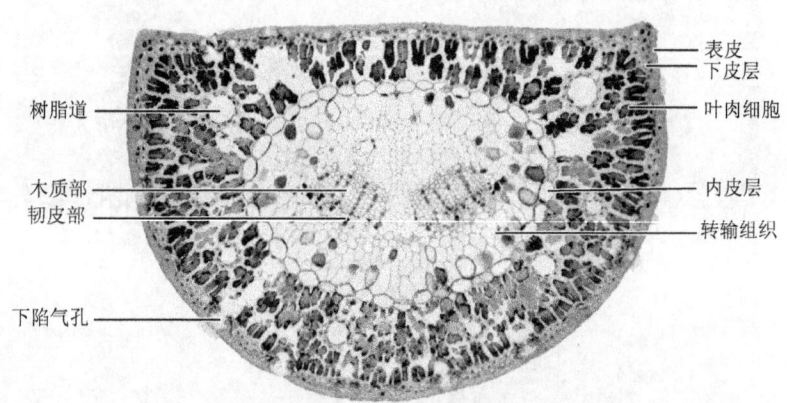

图22-3 松针叶横切面

1. 表皮

表皮细胞1层,排列紧密,细胞壁厚,表皮细胞外壁有很厚的角质膜,气孔明显下陷,由1对保卫细胞和1对副卫细胞构成,保卫细胞椭圆形,副卫细胞在保卫细胞上方,拱盖着保卫细胞,侧壁与表皮细胞相连。上、下表皮的细胞壁都有不均匀的加厚。

2. 叶肉

在下皮层以内,叶肉由呈褶皱状的薄壁细胞组成,无栅栏组织与海绵组织之分,叶肉细胞质内含有丰富的叶绿体。叶肉中分布有树脂道,每个树脂道由两层细胞构成,外层是厚壁鞘细胞,内层是薄壁上皮细胞。叶肉最内层细胞,围成圆圈,为内皮层,侧壁上有凯氏点(带)加厚,染成红点。

3. 维管组织

维管组织位于针叶的中央,内皮层之内,有1或2个维管束并列而存,木质部在近轴面,韧皮部在远轴面。木质部和韧皮部的细胞均成径向排列,木质薄壁细胞与管胞各自成行,相间排列;筛管和韧皮薄壁细胞排列也是如此。维管束和内皮层之间的一部分细胞,具有横向运输养料的功能,称为转输组织。转输组织由3种不同的细胞构成,一种是活的薄壁细胞,另外一种是没有内含物的死细胞(管胞状细胞),还有一种是位于韧皮部外侧、富含储藏物(蛋白质)的薄壁细胞(蛋白细胞)。

四、课堂作业

（1）绘棉花叶或女贞叶通过主脉横断面细胞图，并注明各部分名称。
（2）绘小麦叶或玉米叶横断面细胞图，并注明各部分名称。

五、思考题

（1）植物叶上、下表皮细胞角质化程度和气孔数目有何差异？
（2）在显微镜下，如何区别 C_3 植物小麦叶与 C_4 植物玉米叶的异同点？
（3）裸子植物（松树）叶肉细胞的细胞壁明显向内凹陷成脊状，有什么生物学意义？
（4）观察比较桃叶、梨叶、苹果叶、洋槐叶、合欢叶、油菜叶、甘薯叶、小麦叶、水稻叶、玉米叶、萝卜叶、文竹叶、仙人掌叶、洋葱叶、慈菇叶、银杏叶、大叶黄杨叶、芹菜叶、油松叶、落叶松叶、雪松叶、白皮松叶的形态和结构。想一想双子叶植物、单子叶植物和裸子植物叶的形态和结构有什么异同点？为什么会有这样的差异？

实验二十三

花的形态结构

花是被子植物区别于其他植物的一个主要特征。经过长时间的演化，我们现在看到的花一般包括 5 个部分：花柄（花梗）、花托、花被（花萼和花冠）、雄蕊群、雌蕊群。花柄是着生花的小枝，其顶端是花托。花萼、花冠、雄蕊群及雌蕊群以一定方式着生于花托之上。具备这 5 部分的花称为完全花，否则，为不完全花。不同植物的花器官，各个部分可能会出现一些变化。例如，蔷薇科植物的花被与雄蕊的基部常愈合形成"萼筒"（花托筒）的结构；鼠李科植物的花托变化成为花盘的结构；凤仙花的花萼或者紫花地丁的花冠形成了"距"的结构。值得提及的是，许多植物在花器官中还有一个称为蜜腺的结构。它一般位于花瓣，花萼或者子房的基部，是植物在长期演化过程中形成的一种能分泌蜜汁的腺体，用于吸引传粉昆虫。

一、实验目的和要求

（1）了解花的结构及不同植物在花各个部分结构上的变化。
（2）理解子房上位、子房下位的概念。

二、实验用品

1. 实验材料

荠菜花、桃花、卫矛花、紫花地丁花、月季花、桑树雄花和雌花、紫藤花或豌豆花、贴梗海棠花、蒲公英花。

2. 实验器具

解剖镜、镊子、双面刀片、解剖针。

三、实验内容和方法

（一）完全花的结构观察

用镊子取已完全开放的荠菜花朵。在解剖镜下，可以看到，荠菜的白色花冠呈

"十"字形（十字花科），由4个花瓣组成。在白色花冠的外面，是由4个萼片构成的绿色花萼（注意观察花萼与花瓣的相对位置）。雄蕊群位于花冠内侧，其顶端是花药，基部是花丝。在6个雄蕊中，4个较长，2个较短。这是典型的十字花科四强雄蕊特征。位于整个花器官中央的是雌蕊（荠菜的雌蕊是由2心皮联合形成的合生雌蕊）。位于雌蕊顶端的是柱头，在高倍镜下观察，柱头的表皮细胞呈指状突起。位于柱头下面的一段短的结构是花柱（不同植物的花柱长短不一样，如日常生活中见到的百合花柱是属于长花柱）。位于基部的是略微膨大的子房。仔细观察，荠菜的蜜腺在什么位置（图23-1）？

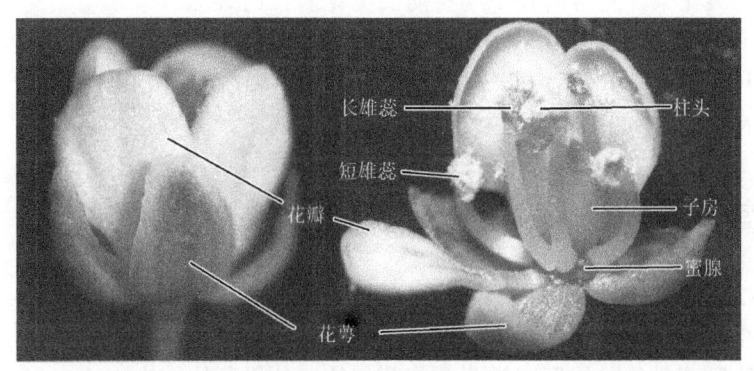

图23-1　荠菜花

（二）不完全花结构的观察

取桑树的雄花及雌花，在解剖镜下观察它们花器官的结构。

（三）离生雌蕊及子房位置结构的观察

取月季花朵，置解剖镜下去掉花被，观察月季花朵的离生雌蕊结构，理解子房上位的概念。

取贴梗海棠花朵，在解剖镜下纵向剖开花器官，观察子房的位置（图23-2）。

（四）花器官特殊结构的观察

1. 花萼筒

取盛开的桃花，置解剖镜下观察花

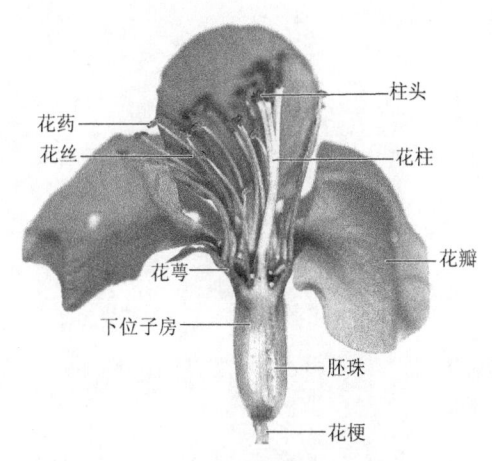

图23-2　贴梗海棠花纵剖面，示下位子房

萼筒的结构。

2. 距

取紫花地丁（或紫堇）的成熟花朵，置解剖镜下观察距的结构。

3. 花盘

取卫矛盛开的花朵，置解剖镜下观察花盘的结构。

4. 冠毛

取蒲公英花朵，置解剖镜下观察蒲公英花朵的冠毛（萼片的变化）。

5. 聚药雄蕊

取蒲公英花朵，置解剖镜下观察蒲公英花的聚药雄蕊。

6. 二体雄蕊

取豆科植物紫藤或豌豆花，肉眼或置解剖镜下观察，注意区分旗瓣、翼瓣、龙骨瓣，同时观察二体雄蕊（9+1）的结构。

四、课堂作业

（1）绘制荠菜、紫花地丁、卫矛及桑树花器官的结构。

（2）绘制月季花离生雌蕊的结构。

（3）绘制蒲公英花的聚药雄蕊及紫藤花的二体雄蕊的结构。

五、思考题

阐述花器官是如何起源的及花器官在被子植物演化过程中的作用。

实验二十四

花药和子房的结构

花器官是被子植物的生殖器官。在花器官中，将分别发育形成雌、雄配子——卵细胞和精细胞。对花药及子房结构的认识，有助于理解被子植物的生殖过程。由于对花药及胚珠进行连续的活体观察存在一定的困难，因此，在该部分的实验中，将主要借助于切片技术及体外解剖技术来进行观察。

一、实验目的和要求

（1）掌握花药发育过程中的结构特征。
（2）掌握子房的结构及胎座的类型。
（3）了解成熟胚囊的细胞构成。

二、实验用品

1. 实验材料

拟南芥花药各发育时期的切片、新鲜的拟南芥、蓝猪耳、紫藤及百合花、石竹或马齿苋花。

2. 实验器具

解剖镜、双面刀片、镊子、载玻片、盖玻片、双面胶、解剖针。

三、实验内容和方法

（一）花药的结构

花药的发育是一个连续的过程。受限于观察方法，只能选取不同发育时期的花药来进行观察。在早期的花药切片中（时期6），可以看到花药呈现蝴蝶状，包含4个花粉囊。左右两侧花粉囊之间为药隔区。在高倍镜下，仔细观察其中的一个花粉囊。可以看到，由外向内，依次为表皮、药室内壁、中层、绒毡层。位于花粉囊中央的是小孢子母细胞（或处于减数分裂时期）。在中期的花药切片中（时期9），中层已经解体，同时绒毡层正处于降解过程中（图 24-1A）。此时，由花粉母细胞减数分裂而来的小孢子处于液泡化阶段。能看见 1 个大的液泡将小孢子的细胞核挤压至细胞边缘处。在成熟的花药中（时期12），中层与绒毡层已完全解体，花粉囊处只留下表皮与药室内壁（图 24-1B）。在药室内壁处，可以看见细胞壁加厚的纤维层。同时，左右两侧的两个花粉囊壁之间的隔膜也消失。此时期花粉处于成熟的 3 细胞花粉时期。

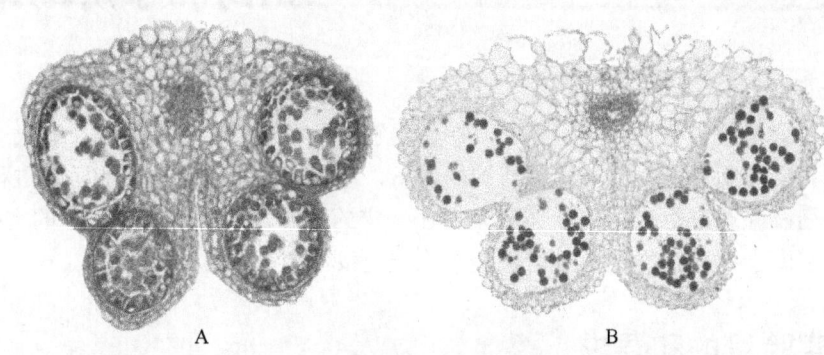

图 24-1　拟南芥花药横切面
A. 时期9；B. 时期12

（二）子房结构及胎座类型

1. 胎座类型

（1）边缘胎座：取紫藤子房，在解剖镜下进行观察。可以看到，紫藤子房由单心皮构成，其胎座为边缘胎座（图 24-2A）。

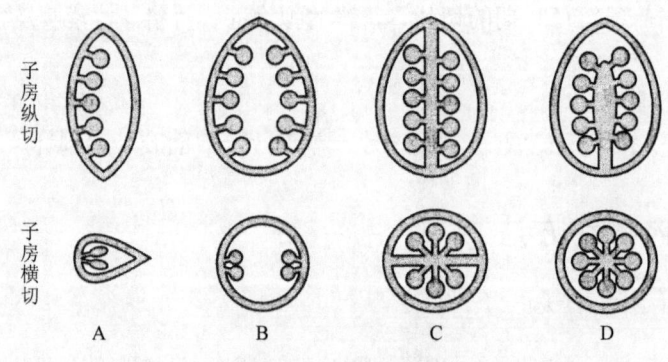

图 24-2　胎座的类型
A. 边缘胎座；B. 侧膜胎座；C. 中轴胎座；D. 特立中央胎座

（2）侧膜胎座：取拟南芥成熟雌蕊，用双面胶粘于载玻片上，在解剖镜下进行解剖观察，以了解成熟子房的结构。用尖细的解剖针纵向沿腹缝线轻轻划开子房壁，在解剖镜下，可以看到拟南芥的子房（雌蕊）由两心皮通过边缘处愈合而形成的侧膜胎座。胚珠着生于腹缝线两侧。连接两腹缝线的是假隔膜。也可以横切子房进行观察（图24-2B）。

（3）中轴胎座：取百合子房进行解剖以理解中轴胎座（图24-2C）。

（4）特立中央胎座：取石竹或马齿苋花子房或幼果，解剖镜下观察着生在短的中央轴周围的胚珠（图24-2D）。

2. 胚珠的结构

取百合子房切片，进行胚珠结构的观察，或从拟南芥子房中用解剖针挑取一结构完整的胚珠。可观察到胚珠如下各结构。

（1）珠柄：位于胚珠的合点端，胚珠通过珠柄着生在胎座上。

（2）珠被：可见内外两层珠被。

（3）珠心：位于珠被之内。

（4）胚囊：位于珠心之内。发育成熟的胚囊主要可见中央大液泡，为胚囊中中央细胞的大液泡。

（5）珠孔：珠被发育留下的通道，为后续花粉管的生长提供通道。

（三）胚囊各细胞的观察

在上述植物的胚囊中，由于受到珠被及珠心组织的干扰，无法在显微镜下看到胚囊内的各细胞特征。但是，在玄参科（Scrophulariaceae）植物蓝猪耳（*Torenia fournieri*）中，由于胚囊是裸露的，因此，非常便于观察胚囊各个细胞。取新鲜的蓝猪耳花器官，在解剖镜下解剖子房，取出一枚结构完整的胚珠，置于载玻片上，于显微镜下观察，注意区分助细胞、卵细胞及中央细胞。

四、课堂作业

（1）绘制花药各发育时期的结构、子房及胚珠的结构。

（2）绘制蓝猪耳胚囊的结构及各细胞间的位置关系。

五、思考题

（1）进化过程中，为什么会在成熟花粉时期出现2或者3细胞型花粉？

（2）被子植物如何完成双受精？

（3）为什么胚囊进化出两个助细胞及为什么中央细胞维持3倍染色体性质？

实验二十五

种子和果实结构与发育

被子植物完成双受精后，便启动了胚胎的发育，子房发育成果实，其中，胚珠将发育成种子，子房壁将发育成果皮。果皮与种子一起称为果实。受精的合子发育成为种子中的胚，珠被发育成种皮，受精的中央细胞将发育成胚乳。

一、实验目的和要求

（1）掌握种子的发育过程，了解种子及果实的结构。
（2）了解种子的萌发过程及幼苗类型。

二、实验用品

1. 实验材料

菜豆、花生、蓖麻、番茄、棉花、小麦、玉米的浸泡果实或种子；小麦和玉米籽粒、蓖麻种子纵切片。拟南芥各发育阶段的经透明化处理的胚珠及桃、草莓、菠萝等果实。

2. 实验器具

显微镜、放大镜、双面刀片、镊子、解剖针。

三、实验内容和方法

（一）种子形态和结构

1. 双子叶植物有胚乳种子

（1）蓖麻：取浸泡好的蓖麻种子，先观察其形态，最外面一层是光滑、坚硬且有花纹的种皮，种子一端有一海绵状突起称为种阜，种孔被种阜遮盖，种脐不明显，种子压扁的一侧有一长条状的棱脊称为种脊。剥去种皮可见一层白色膜质物是外胚乳，在外胚乳之内为胚乳部分。用刀片将胚乳沿狭窄面纵切为两半，可以看到紧贴胚乳内方有两个薄片，即两片子叶，子叶具有明显脉纹。两片子叶近种阜端有一圆锥状突起，即胚根，胚根后端夹在两子叶间的一个小突起为胚芽，连接胚芽与胚根的部分为胚轴（图25-1A）。

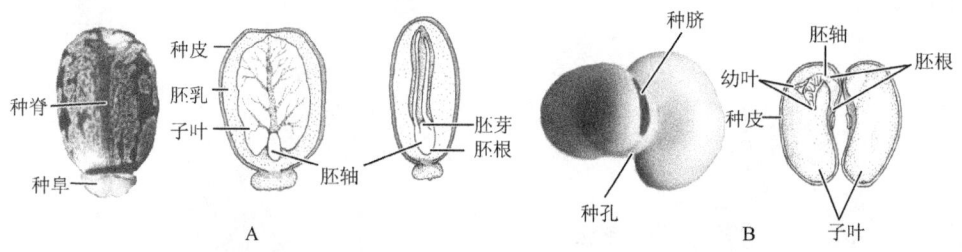

图 25-1　种子的形态和结构（引自马炜梁等，2009）
A. 蓖麻；B. 菜豆

（2）番茄：番茄种子外形扁平、卵状，种皮浅黄色，具表皮毛，种脐位于较小一端的凹陷处。胚弯曲，包藏于富含脂类的胚乳中，胚有两片细长而弯曲的子叶，胚芽小，仅为介于二子叶间的一个小突起，胚根和胚轴细长，外观上无明显界限。

2. 双子叶植物无胚乳种子

（1）菜豆：菜豆种子外形呈肾形，种皮革质，有的品种具花纹，颜色多样。在种子稍凹的一侧具一长圆形的斑痕称为种脐，它是种子成熟时从胎座脱离后留下的痕迹。在种脐的一端有一个小孔叫种孔，是珠孔的遗迹，种子萌发时，胚根多从此孔伸出。用手挤压种子两侧，可见有水泡自种孔溢出。剥去种皮，可见两片肥厚的子叶（豆瓣），掰开两片子叶，可见两片子叶着生在胚轴上，胚轴上端为胚芽，有两片比较清晰的幼叶，如果用解剖针挑开幼叶，用放大镜观察，可见胚芽生长点和突起的叶原基。胚轴下方为胚根（图25-1B）。

（2）花生：花生种子的种皮红色或红紫色，在种子尖端部分有一微小白色细痕就是种脐，种孔不明显。剥去种皮，可见两片肥厚子叶，乳白色而有光泽。胚轴短粗，子叶着生于两侧，胚轴下端为胚根，上方为胚芽，胚芽夹在两片子叶之间。

（3）棉花：棉花种子的种皮为黑色，比较坚硬，种皮上的毛状物是表皮毛。棉花种脐呈尖状突起。剥去黑色种皮，可以看到一层乳白色薄膜，这是胚乳遗迹。薄膜内部是胚，子叶在种子内呈皱褶状，胚根较细长，胚轴较短，胚芽很小。

3. 单子叶植物有胚乳种子

（1）小麦籽粒（颖果）：小麦籽粒较小，呈椭圆形，籽粒一侧有一条纵沟称为腹沟，籽粒一端有毛，称为果毛，另一端有一个很小的近圆形突起便是胚。用低倍镜观察小麦籽粒纵切片，可以看到果皮和种皮紧密合生，种皮以内大部分是胚乳。靠近种皮有一到几层排列较整齐的、近等径形细胞，是糊粉层（图25-2A）。糊粉层以内的胚乳细胞排列较疏松,内含大量淀粉。胚位于籽粒纵切面一端的侧方,由胚芽、胚芽鞘、盾片、胚轴、胚根和胚根鞘组成(图 25-2B)。盾片与胚乳交界处有一层排列整齐的细胞称为上皮细胞。小麦胚轴在与盾片相对的一侧有一小突起即外胚叶。

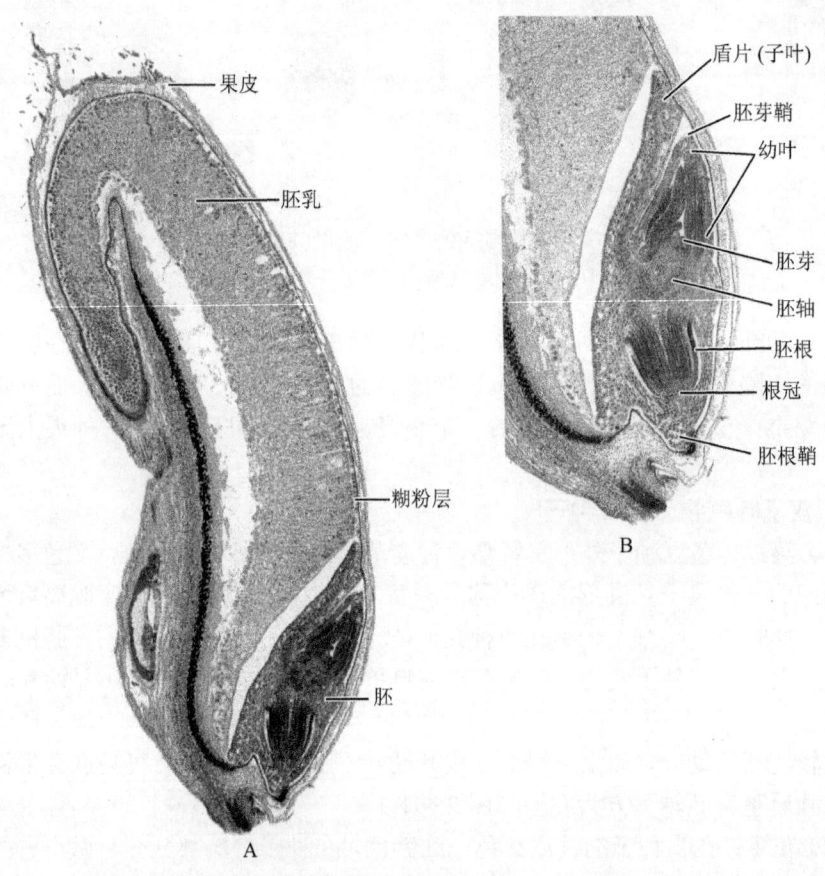

图 25-2 小麦籽粒(颖果)的形态结构(引自 Raven et al., 2005)
A. 小麦颖果纵切面; B. 小麦胚的结构

(2) 玉米籽粒(颖果):玉米籽粒外形为圆形或马齿形,在顶端可见花柱的遗迹,下端有果柄,去掉果柄可见果皮上有块黑色组织,即种脐。种子一侧靠近下方是胚。用刀片从籽粒宽面中间切开,在切面上可清楚看到包在外围的果皮和种皮,以及占据籽粒大部分体积的胚乳。用放大镜观察胚,可看到胚芽、胚芽鞘、胚轴、胚根、胚根鞘和盾片。用低倍镜观察玉米籽粒纵切片,可以看到与小麦籽粒相似的结构:果皮和种皮、糊粉层、胚乳、上皮细胞和胚。胚由胚芽、胚芽鞘、盾片、胚轴、胚根和胚根鞘组成。玉米胚与小麦胚不同之处是玉米胚无外胚叶。

（二）种子的发育

取各个发育时期的拟南芥胚珠按照实验五中"子房整体透明法"所示的步骤进行透明化处理，并在显微镜下观察这些经处理过的胚珠。注意观察胚及胚乳的发育。

拟南芥胚胎发育的进程与荠菜胚胎发育相近。受精完成后，合子纵向延伸并发生不对称分裂形成 2 个细胞。小的细胞为顶细胞，将来发育成为胚；大的细胞为基细胞，将来发育成为胚柄。随后，顶细胞发生两次纵向分裂，形成 4 细胞原胚。接着，4 细胞原胚发生 1 次横向分裂形成 8 个细胞，随后这 8 个细胞发生 1 次平周分裂形成 16 细胞原胚（外层的 8 个细胞为原表皮细胞，该层细胞以后的分裂几乎都是垂周的）。原胚进一步分裂分化形成球形胚、心形胚、鱼雷胚及成熟胚。与此同时，也能观察到胚乳在种子发育过程中的变化。拟南芥胚乳多核型胚乳，即初生胚乳核在早期只进行核分裂而不发生胞质分裂。在胚乳发育的晚期，各核之间才产生细胞壁，形成胚乳细胞。当胚胎发育成熟后，胚乳基本被降解殆尽（图 25-3）。

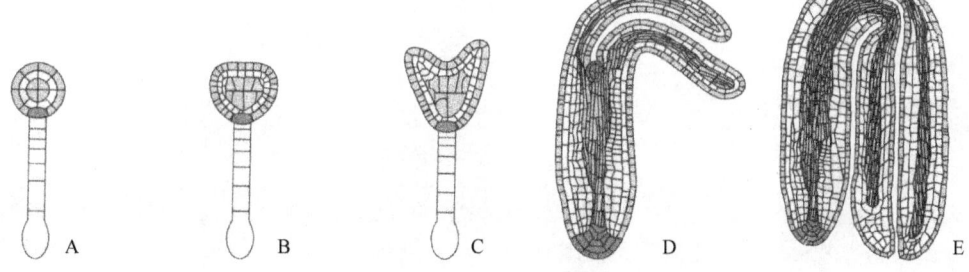

图 25-3　拟南芥胚发育示意图（引自 Buchanan et al.，2004）

A. 球形胚；B. 过渡期；C. 心形胚；D. 鱼雷胚；E. 成熟胚

（三）果实的结构

在解剖镜下，对桃、草莓及菠萝等果实进行解剖观察。

（1）桃：桃最外面一层结构为外果皮，中间肉质可食的部分为中果皮，最里面坚硬的桃核为内果皮。内果皮内包含的是种子。通过仔细解剖，注意观察桃种子的种皮及胚。

（2）草莓：观察草莓的果实，在解剖镜下可以看到草莓的果实是由多个单体雌蕊发育而来的聚合果。

（3）菠萝：菠萝的果实是由 1 个花序发育而来的，食用的主要是花序轴部分。

四、课堂作业

根据上述观察,绘制拟南芥胚胎发育示意图。

五、思考题

(1) 果实各部分是由花中的哪些部分发育而来?
(2) 结合草莓、菠萝的果实理解聚合果与聚花果的概念。

第三部分
综合和研究性实验

实验二十六　植物细胞器的荧光标记及观察
实验二十七　植物营养器官的趋同适应及趋异适应观察
实验二十八　植物细胞有丝分裂与减数分裂
实验二十九　植物染色体核型分析
实验三十　　植物细胞程序性死亡的 TUNEL 检测
实验三十一　植物细胞微丝骨架的活体观察
实验三十二　花粉活力与柱头可授性检测
实验三十三　花粉体外萌发及花粉管生长的观察
实验三十四　人工传粉实验
实验三十五　植物花粉管向胚珠的定向生长
实验三十六　人工诱导针叶树创伤树脂道的形成
实验三十七　校园植物观察与识别
实验三十八　校园植物物候期的观测与记录
实验三十九　植物总 DNA 的提取
实验四十　　植物总 RNA 的提取
实验四十一　PCR 扩增技术
实验四十二　植物分子标记及应用
实验四十三　植物遗传多样性检测
实验四十四　植物基因组测序原理与应用
实验四十五　植物分子系统进化树的构建

实验二十六

植物细胞器的荧光标记及观察

植物细胞内含有丰富的细胞器，包括液泡、质体、线粒体、高尔基体、核糖体、内质网、微管和微丝、细胞核等，其中，液泡和质体是植物细胞特有的细胞器。随着细胞生物学研究的深入，植物细胞内大多数的细胞器都可以被特异性的荧光染料所标记，从而极大地方便了人们对细胞内的生命活动的探索。

目前，植物细胞中很多细胞器都可以被染料特异性标记，有些染料可以透过细胞膜，被用来标记活细胞内的特定细胞器，有些染料则不能透过细胞膜，只能标记死细胞内的特定细胞器，下表中列举了一些常用的细胞器染料（表26-1）。

表26-1 常用细胞器的荧光染料及染色原理

细胞器	染料	活细胞/死细胞	染色原理
细胞核	DAPI（4′, 6-diamidino-2-phenylindole）	活细胞/死细胞	DAPI 为一种荧光染料，可以穿透细胞膜与细胞核中的双链 DNA 结合而发挥标记的作用，产生比 DAPI 自身强 20 多倍的荧光，显微镜下可以看到显蓝色荧光的细胞
液泡	中性红	活细胞	中性红是一种弱碱性 pH 指示剂，变色范围为 pH 6.4～8.0（由红变黄）。在中性或微碱性环境中，植物的活细胞能大量吸收中性红并向液泡中运输，由于液泡在一般情况下呈酸性反应，因此，进入液泡的中性红便解离出大量阳离子而呈现樱桃红色。在这种情况下，原生质和细胞壁一般不着色；在死细胞中由于原生质变性凝固，细胞液不能维持在液泡内，因此，用中性红染色后，不产生液泡着色现象，相反，中性红的阳离子，却与带有一定负电荷的原生质及细胞核结合，而使原生质与细胞核染色
线粒体	詹纳斯绿 B（Janus green B）	活细胞	Janus green B 的染色是由于线粒体中的细胞色素氧化酶系的作用，使染料始终保持氧化状态呈蓝绿色；而在周围的细胞质中染料被还原成无色的色基
微丝	鬼笔环肽（phalloidin）	活细胞/死细胞	鬼笔环肽与微丝能够特异性结合，使微丝纤维稳定而抑制其功能。荧光标记的鬼笔环肽可特异性显示细胞内的微丝

一、实验目的和要求

（1）了解液泡、线粒体、高尔基体、内质网、微管和微丝，以及细胞核荧光标记的原理。

（2）掌握植物细胞中常见细胞器的标记方法。

二、实验用品

1. 实验材料

黄豆幼苗根尖（绿豆或水稻也可），把黄豆培育在培养皿中潮湿的滤纸上，使其发芽，直到胚根伸长 1cm 以上。洋葱鳞茎表皮细胞。

2. 药品与试剂

Ringer 溶液，1%中性红溶液，1/3000 中性红染色液，1%、1/5000 的 Janus green B 染色液，4%多聚甲醛溶液（新鲜配制），DAPI 染色液（染色剂配方见附录二）。

3. 实验器具

显微镜，镊子，载玻片，盖玻片。

三、实验内容和方法

（一）植物细胞液泡的中性红染色及观察

1. 观察黄豆幼苗根尖细胞的液泡

用双面刀片把初生的黄豆幼苗根尖（1～2cm 长）小心切一纵断面，放入载玻片中央的 1/3000 中性红染色液中，染色 5～10min。吸去中性红染液，换上 Ringer 溶液，盖上盖片观察。可见在每个生长点细胞内有很多大小不等的染成玫瑰红色的圆形液泡。如果观察已分化长大的细胞，可看到较大的液泡，数目少，有时只有 1 个巨大浅红色的液泡。

2. 观察洋葱鳞茎表皮细胞的液泡

撕取洋葱鳞茎表皮细胞，放入载玻片中央的 1/3000 中性红染色液中，染色 5～10min。吸去中性红染液，换上 Ringer 溶液，盖上盖片观察。

（二）植物细胞线粒体 Janus green B 活体染色及观察

用镊子撕下洋葱鳞茎表皮一小块，放在 1/5000 Janus green B 染液中染色，一般需 30min。将染色好的材料移至载玻片的中央（整体染色的根尖撕下一表皮），滴一点 Ringer 溶液，盖上盖玻片，即可观察。在显微镜下观察可见洋葱鳞茎表皮细胞中央被一巨大液泡所占据，细胞核被挤至旁边，细胞质中线粒体被染成蓝绿色，呈颗粒状或线条状。

（三）植物细胞的细胞核染色及观察

用镊子撕下洋葱鳞茎表皮一小块，在 4%的多聚甲醛溶液中固定 1h。将固定后的材料移至小皿中，用 PBS 清洗 3 次，每次 5min，然后将材料移到载玻片的中央，滴一点 DAPI 染色液，盖上盖玻片，即可观察。在显微镜下观察可见洋葱鳞茎表皮细胞的细胞核被染成蓝色，呈球状。

四、思考题

（1）能否用中性红来区分活细胞和死细胞，怎样区分，为什么？

（2）说明 Janus green B 染色液染色的原理，并绘出用 Janus green B 染色液染色后所观察到的洋葱表皮细胞中线粒体的分布情况。

实验二十七

植物营养器官的趋同适应及趋异适应观察

根、茎和叶为植物3大营养器官,它们的形态结构总是与功能相适应的。大多数情况下,在不同植物中,同一器官的形态、结构是非常相似的。然而,在自然界中,由于环境的变化,植物营养器官为了适应某一特定环境而改变了它原有的功能,甚至为了适应环境的变化而改变了形态和结构,经过长期的自然选择,这些营养器官的形态和功能已经成为植物的特征。在植物的各种器官中,叶的形态结构最易随着生态环境的不同而发生变异。根和茎也有对生态环境的适应变异。

一、目的和要求

(1) 了解植物常见的变态根、茎和叶。
(2) 了解水生植物和旱生植物的外部形态特征及其内部结构。

二、实验用品

1. 实验材料

甘薯(*Dioscorea esculenta*)、木薯(*Manihot esculenta*)、玉米(*Zae mays*)、水龙(*Jussiaea repens*)、红树科(Rhizophoraceae)植物、落羽松(*Taxodium distichum*)、常春藤(*Hedera nepalensis*)、络石(*Trachelospermum jasminoides*)、凌霄(*Campsis grandiflora*)、甘蔗(*Saccharum ofcinarum*)、榕树(*Ficus microcarpa*)、一把伞南星(*Arisaema erubescens*)、蝴蝶兰(*Phalaenopsos aphrodite*)、桑寄生(*Taxillus sutchuenensis*)、槲寄生(*Viscum coloratum*)、列当(*Orobanche coerulescens*)、独脚金(*Striga asiatica*)、昙花(*Epiphyllum oxypetalum*)、文竹(*Asparagus setaceus*)、天门冬(*Asparagus cochinchinensis*)、假叶树(*Ruscus aculeata*)、竹节蓼(*Homalocladium platycladun*)、山楂(*Crataegus pinnatifida*)、皂荚(*Gieditsia* sinensis)、黄瓜（*Cucumis sativus*）、南瓜（*Cucurbita moschata*）、葡萄（*Vitis vinifera*）、仙人掌（*Opuntia stricta*）、鸢尾（*Iris tectorum*）、白茅（*Imperata cylindrica*）、魁蓟（*Cirsium leo*）、甘露子（*Stachys sieboldi*）、荸荠（*Eleocharis dulcia*）、慈菇（*Sagittaria sagittifolia*）、水仙（*Narcissus tazetta*）、百合（*Lilium brownii*）、洋葱（*Allium cepa*）、胡杨（*Populus eaphratica*）、玉兰（*Magnolia denadata*）、核桃（*Juglans regia*）、刺槐（*Robinia pseudoaca*）、萝卜（*Raphanus sativua*）、胡萝卜（*Daucus carota*）、菊芋（*Helianfhus taberosus*）、大丽花（*Dahlia pinnata*）、酸枣（*Ziziphus jujuha* var. *spinosa*）、豌豆（*Pisun sativum*）、西葫芦（*Cucurbita pepo*）、野豌豆属（*Vicia*）植物、菝葜属（*Smilax*）植物、茅膏菜属（*Drosera*）植物、猪笼草属（*Nepenthes*）植物、台湾相思树（*Acacia confusa*）、夹竹桃叶片横切制片、滇草叶片横切制片。

2. 药品与试剂

蒸馏水、碘-碘化钾溶液、95%乙醇、苏丹Ⅲ。

3. 实验器具

显微镜、载玻片、盖玻片、镊子、解剖针、吸水纸、纱布。

三、实验内容和方法

（一）根的变态类型

变态根由于功能改变引起的形态和结构都发生变化的根。根变态是一种可以稳定遗传的变异。主根、侧根和不定根都可以发生变态。观察图片、标本、切片及实物，了解变态根的主要类型及其形态特点和功能。

1. 贮藏根

贮藏根由主根和下胚轴膨大发育而成，外形呈圆锥状或纺锤状、球状等。根体肥大多汁，形状多样，贮藏大量淀粉、糖分和油滴。这些物质多半贮藏在植物髓部、皮层，以及木质部和韧皮部的基本组织中，如萝卜、胡萝卜等植物。

2. 块根

块根由侧根或不定根发育而来，如菊芋、大丽花的块根中含有菊糖，甘薯、木薯块根的薄壁组织中含有大量淀粉。

3. 气生根

气生根是生长在地面以上空气中的根。因生理功能和结构上的不同又可分为支柱根、呼吸根、攀援根、附生根和板根。

（1）支柱根：像玉米、甘蔗、榕树等从节上生出一些不定根，表皮往往角质化，厚壁组织发达，不定根伸入土中，继续产生侧根，成为增强植物体支持力量的辅助根系。另像榕树从枝上产生多数下垂的气生根，部分气生根也伸进土壤，由于以后的次生生长，成为粗大的木质支柱根，树冠扩展的大榕树能呈"一树成林"的景观。还有甘蔗等植物也属这类型的根。

（2）呼吸根：分布于沼泽地区或海岸低处的一些植物有这样的根，如水龙、红树、落羽松等。在它们的根系中，有一部分根向上生长，露出地面，成为呼吸根。呼吸根外有呼吸孔，内有发达的通气组织，有利于通气和贮存气体，以适应土壤中缺气的情况，维持植物的正常生活。

（3）攀援根：像常春藤、络石、凌霄等植物的茎细长柔弱，不能直立，生出不定根。这些根顶端扁平，有的成为吸盘状，以固着在其他树干、石山或墙壁表面，攀援上升，有攀援吸附作用，故称攀援根。

（4）附生根：在热带森林中，像兰科（蝴蝶兰）、天南星科（一把伞南星）植物生有附生根。附贴在木本植物的树皮上，并从树皮缝隙内吸收蓄存的水分，这种根的外表形成根被，由多层厚壁死细胞组成，可以贮存雨水、露水供内部组织用，干旱时根被失水而为空气所充满。附生根内部的细胞往往含有叶绿素，有一定的光合作用能力。

（5）板根：板根常见于热带树种中，是在特定的环境下，主根发育不良，侧根向上侧隆起生长，与树干基部相接部位形成发达的木质板状隆脊。有的板根可达数米，增强了对巨大树冠的支持力量。

4. 寄生根

高等寄生植物所形成的一种从寄主体内吸收养料的变态根，常又称为吸器。菟丝子苗期产生的根，生长不久即枯萎，以后从缠绕茎上由不定根变态而形成一些突起的垫状物，紧贴寄生植物的茎表面，并由其中形成吸器。吸器顶端的长形菌丝状细胞伸入寄主内部组织，吸取其水分和养料。寄生根构造简单，除少量输导组织外，并无其他复杂构造。具有寄生根的植物还有桑寄生、槲寄生、列当和独脚金。

（二）茎的变态类型

变态茎是由于功能改变引起的形态和结构都发生变化的茎。植物在长期系统发育的过程中，由于环境的变迁，引起器官形成某些特殊的适应，以致茎的形态、结构都发生了改变。茎的变态，有两种发展趋向。变态部分，有的特别发达，有的却格外退化。无论发达或退化，变态的部分都保存着茎特有的形态特征：有节和节间，有退化成膜状的叶，有顶芽或腋芽。根据形态上的差异，可分为两大类型：地上变态茎，如肉质茎、叶状茎、茎卷须、茎刺等；地下变态茎，如根状茎、块茎、球茎、鳞茎等。茎变态是一种可以稳定遗传的变异。

1. 地上变态茎

（1）叶状茎：茎扁化变态成的绿色叶状体。叶完全退化或不发达，而由叶状茎进行光合作用。例如，昙花、文竹、天门冬、假叶树和竹节蓼等的茎，外形很像叶，但其上具节，节上能生叶和开花。

（2）茎刺：由茎变态为具有保护功能的刺。例如，山楂和皂荚茎上的刺，都着生于叶腋，相当于侧枝发生的部位。

（3）茎卷须：由茎变态成的具有攀援功能的卷须。例如，黄瓜和南瓜的茎卷须发生于叶腋，相当于腋芽的位置，而葡萄的茎卷须是由顶芽转变来的，在生长后期常发生位置的扭转，其腋芽代替顶芽继续发育，向上生长，而使茎卷须长在叶和腋芽位置的对面，使整个茎成为合轴式分枝。

（4）肉质茎：由茎变态成的肥厚多汁的绿色肉质茎。可行光合作用，发达的薄壁组织已特化为贮水组织，叶常退化，适于干旱地区的生活。例如，仙人掌类的肉质植物，变态茎可呈球状、柱状或扁圆柱形等多种形态。

2. 地下变态茎

（1）根状茎：由多年生植物的茎变态成的横卧于地下、形状似根的地下茎。根状茎上具有明显的节和节间，具有顶芽和腋芽，节上往往还有退化的鳞片状叶，呈膜状，同时节上还有不定根，营养繁殖能力很强。例如，竹类、鸢尾、白茅和魁蓟等。

（2）块茎：由茎的侧枝变态成的短粗的肉质地下茎。呈球形、椭圆形或不规则的块状，贮藏组织特别发达，内贮丰富的营养物质。从发生上看，块茎是植物茎基部的腋芽伸入地下，先形成细长的侧枝，到一定长度后，其顶端逐渐膨大，贮积大量的营养物质而成。例如，马铃薯块茎，顶端有一个顶芽，节间短缩，叶退化为鳞片状，幼时存在，以后脱落，留有条形或月牙形的叶痕。在叶痕的内侧为凹陷的芽眼，其中有腋芽1至多个，叶痕和芽眼在块茎表面相当于茎上节的位置上呈规律排列，两相邻芽眼之间，即节间。除马铃薯外，菊芋（洋姜）、甘露子（草石蚕）等也有块茎。

（3）球茎：由植物主茎基部膨大形成的球状、扁球形或长圆形的变态茎。观赏植物唐菖蒲和药用植物番红花具比较典型的球茎。节与节间明显，节上生有退化的膜状叶和腋芽，顶端有较大的顶芽。从发生上看，有些球茎，如荸荠、慈菇等是由地下匍匐枝（侧枝）末端膨大形成的。球茎内都贮有大量的营养物质，供营养繁殖之用。

（4）鳞茎：扁平或圆盘状的地下变态茎。其枝（包括茎和叶）变态为肉质的地下枝，茎的节间极度缩短为鳞茎盘，顶端有一个顶芽。鳞茎盘上着生多层肉质鳞片叶，如水仙、百合和洋葱等。营养物质主要贮存在肥厚的变态叶中。鳞片叶的叶腋内可生腋芽，形成侧枝。大蒜的营养物质主要贮存在肥大的肉质腋芽（即蒜瓣）中，包被于其外围的鳞片叶，主要起保护作用。

（三）叶的变态类型

当正常的叶发生变态，其形态和功能发生改变，就形成变态叶。常见的变态叶有以下几种形式。

(1) 鳞叶：叶变态成鳞片状，称为鳞叶。鳞叶有两种情况，一种是木本植物，如胡杨、玉兰、核桃等植物鳞芽外面的鳞叶，多呈褐色，木质化程度高，常有茸毛或黏液，也叫芽鳞，有保护幼芽的作用；另一种是地下茎上的鳞叶，有肉质和膜质两种，肉质鳞叶出现在鳞茎上，如洋葱、百合的鳞茎盘周围着生的许多肉质鳞片就是鳞叶，贮藏着丰富的养料，可食；洋葱肉质鳞叶外面、荸荠球茎上有膜质鳞叶。

(2) 叶刺：叶的全部或部分变成刺状称叶刺。有些植物的叶或叶的某一部分变为刺状，对植物有保护作用，称为叶刺。例如，仙人掌的叶刺，刺槐、酸枣叶柄基部的一对托叶刺等。虽然叶刺来源不同，但发生的位置较固定。叶刺内有维管束与茎相通。

(3) 苞片：着生在花或花序下面的变态叶，具有保护花和果实的作用，如叶子花。

(4) 叶卷须：植物的叶变态成卷须，用以攀援生长。叶的一部分变成卷须状，称为叶卷须。适于攀缘生长，如豌豆、西葫芦等。豌豆复叶顶端的 2 或 3 对小叶可变为卷须，其他叶仍保持正常形态。有时一对小叶之一变为卷须，另一片仍为营养小叶，这说明这类卷须是小叶的变态。例如，豌豆、野豌豆属和菝葜属植物。

(5) 捕虫叶：即某些植物特有的一种捕捉昆虫的变态叶，食虫植物的部分叶可特化成瓶状、囊状及其他一些形状，其上有分泌黏液和消化液的腺毛，能捕捉昆虫并将昆虫消化吸收，它们有叶绿素、能行光合作用。例如，茅膏菜属和猪笼草属植物等。

(6) 贮藏叶：具有贮藏功能叶的变态。叶片退化，由叶柄变态为扁平的叶状体，代行叶的功能。例如，我国南方的台湾相思树。

1. 旱生植物叶片

取夹竹桃叶片横切制片置显微镜下观察，可见到以下结构（图 27-1A）。

(1) 表皮：上、下表皮均由 2~4 层、排列整齐而紧密的表皮细胞组成，外壁有发达角质层，这种由多层表皮细胞形成的比较耐旱的表皮称为复表皮。下表皮有许多凹陷的穴，每穴内有多个气孔，为密生表皮毛所覆盖，将此结构称为气孔窝。

(2) 叶肉：栅栏组织在上、下表皮内侧均存在，且常多层，海绵组织位于栅栏组织之间，层数较多，细胞间隙不发达。

(3) 叶脉：夹竹桃的叶脉，主脉较大，侧脉很小，结构同一般植物。

2. 水生植物叶片

取眼子菜属（菹草）叶横切制片，置显微镜下观察，可见叶由表皮、叶肉和叶脉构成（图 27-1B），但由于它所处的是水生环境，因此叶的结构也发生了很大变化。

(1) 表皮：细胞壁较薄，一般无角质层，细胞中常含有叶绿体，无气孔。

（2）叶肉：叶肉不发达，无栅栏组织与海绵组织分化，胞间隙特别发达，形成许多通气组织。

（3）叶脉：叶脉中的维管束极端退化，甚至看不到导管。

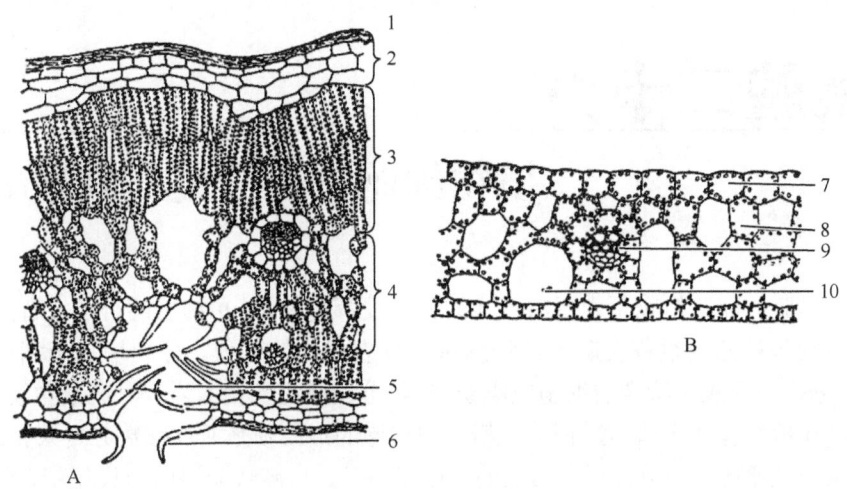

图 27-1　旱生和水生植物叶的结构

A. 夹竹桃叶横切面示旱生结构；B. 眼子菜属（涫草）叶横切面示水生结构
1. 角质层；2. 复表皮；3. 栅栏组织；4. 海绵组织；5. 气孔窝；6. 表皮毛；
7. 表皮；8. 叶肉；9. 维管束；10. 气腔

注意观察旱生植物叶构造的一般特点，表皮是否多层，是否有气孔窝存在，栅栏组织、海绵组织排列是否紧密，叶脉是否发达。旱生植物为了适应干旱环境，向两个方面进化，一是发育形成发达的皮系统，防止水分散失，叶形变小，叶肉排列紧密，以增加同化能力；二是发育形成发达的储水系统。

四、课堂作业

绘旱生植物和水生植物叶的结构图。

五、思考题

（1）胡萝卜、萝卜及甘薯的贮藏根来源有什么不同？
（2）如何区分鳞茎和球茎？
（3）从环境与结构相适应的角度阐明旱生植物叶的结构特点。

实验二十八

植物细胞有丝分裂与减数分裂

多细胞的高等植物是由受精形成的合子发育而来。从单细胞的合子发育成为复杂的多细胞植株的过程实际上是细胞进行分裂分化的过程。分裂增加了细胞的数量,而分化则形成了特殊的细胞或组织。有丝分裂是植物细胞进行分裂的主要方式。另外,在植物有性生殖的过程中,精、卵细胞的形成则是通过减数分裂来完成的。与有丝分裂相比,减数分裂有明显的细胞学特征,如减数分裂的结果使精、卵细胞的染色体数目减半(与体细胞中的染色体数目相比);减数分裂的过程中会发生同源染色体的联会重组(这在有丝分裂的过程中并不会发生)。因此,有丝分裂和减数分裂是植物在完成世代交替过程中两个重要的细胞学事件。

一、实验目的和要求

通过对植物细胞有丝分裂与减数分裂的观察,掌握有丝分裂与减数分裂过程中的关键细胞特征。

二、实验用品

1. 实验材料
蚕豆根尖、拟南芥早期花药。
2. 实验器具
显微镜、镊子、载玻片、盖玻片。

三、实验内容和方法

(一)蚕豆根尖细胞有丝分裂

观察蚕豆根尖各有丝分裂的细胞。找出各个典型时期的细胞。有丝分裂期分为前期、中期、后期、末期。各个时期都有自己典型的特征（图 28-1）。

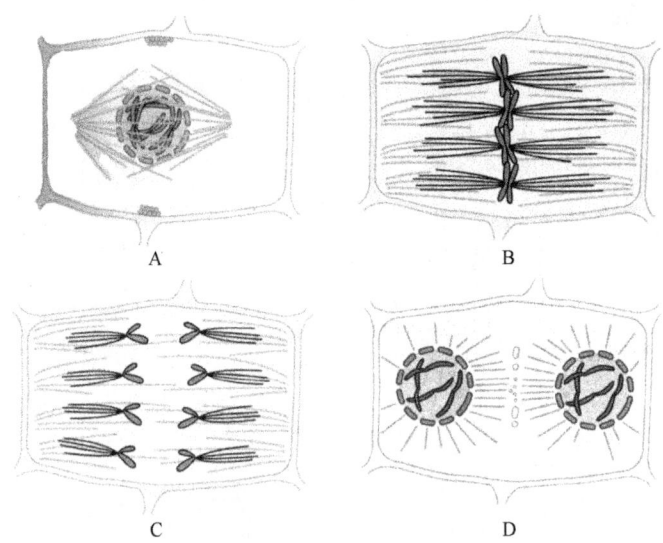

图 28-1 有丝分裂示意图
A. 前期；B. 中期；C. 后期；D. 末期

（1）前期：细胞核内出现染色体，核膜和核仁消失。
（2）中期：染色体排列在赤道板上，纺锤体可见。
（3）后期：姐妹染色单体分开并向相反方向运动。
（4）末期：姐妹染色单体到达两极，核膜及核仁重现。

（二）拟南芥花粉母细胞的减数分裂

1. 减数分裂的第一次分裂

（1）前期Ⅰ：与一般细胞的有丝分裂相比，这一时期有典型的细胞特征。在该时期，由于同源染色体发生联会重组而形成"交叉"结构。因此，我们能看到的染色单体呈现"X"、"V"、"8"、"O"等形状。
（2）中期Ⅰ：染色体成对排列在中央赤道板上，纺锤体形成。
（3）后期Ⅰ：同源染色体各自分开并向细胞两极移动。
（4）末期Ⅰ：到达两极的染色体重新聚集，形成 2 个子核。核膜、核仁出现。

2. 减数分裂的第二次分裂

减数分裂的第二次分裂不再进行 DNA 的复制，新形成的两个子核直接进入分裂过程。其特征与一般有丝分裂相同。通过减数分裂，每个小孢子母细胞产生 4 个子细胞。在这个过程中，DNA 仅复制 1 次，而却发生了两次分裂。因此，形成的子细胞是单倍体性质的。

四、课堂作业

根据观察结果,绘制细胞周期的各个典型时期细胞。

五、思考题

有丝分裂与减数分裂有何异同?

实验二十九

植物染色体核型分析

自然界中的各种生物，其染色体的形态、结构和数目具有相对的稳定性。二倍体生物配子所含有的全套染色体，称为一个染色体组。这组染色体的数目、形态特征、染色体的两臂长度、着丝点的位置，以及次缢痕、随体的有无等构成了该物种的染色体组型，也叫核型。染色体组型分析，即核型分析是指通过对染色体标本及其照片进行测量、对比分析、配对、分组和排列，并进行形态分析的过程。染色体核型分析可以为细胞遗传分类、物种间亲缘关系，以及染色体数目和结构变异研究提供重要依据。

一、实验目的和要求

（1）学习和掌握染色体核型分析的方法。

（2）了解细胞有丝分裂中期的染色体数目、大小、着丝粒位置和随体等形态特征。

二、实验用品

1. 实验材料

蚕豆（*Vicia faba*，$2n=12$）种子。

2. 药品与试剂

秋水仙碱、8-羟基喹啉溶液、苏木精、水合三氯乙醛、铁钾矾、无水乙醇、冰醋酸、1mol/L 盐酸、50%丙酸米吐尔、无水亚硫酸钠、对苯二酚、无水碳酸钠、溴化钾、硫代硫酸钠、硼酸、28%乙酸等。

3. 实验器具

显微镜（附摄影装置）、恒温培养箱、水浴锅、酒精灯、剪刀、镊子、解剖针、载玻片、盖玻片、滤纸、胶卷、透明尺、胶水等。

三、实验内容和方法

（一）材料准备

根尖：选取健康干燥的蚕豆种子，放在烧杯内，室温下清水浸泡过夜。种子吸水膨胀后，置于20℃恒温培养箱中保湿培养，待根长1～2cm时，切下根尖备用。

（二）预处理

为了获得较多细胞分裂中期相的细胞，同时使染色体缩短和分散，可对根尖进行预处理，处理方法如下。

（1）0.05%～0.2%的秋水仙碱水溶液处理2～4h。

（2）0.002mol/L 的 8-羟基喹啉溶液处理3～4h。

（3）根尖浸在蒸馏水中于1～4℃低温处理24h。

（三）固定

用蒸馏水洗净材料，再用卡诺氏（冰醋酸∶无水乙醇=1∶3）固定液室温下固定30～60min。经90%乙醇→80%乙醇→70%乙醇（各30min）浸泡进行转换，最后置于70%乙醇内4℃冰箱保存。

（四）解离

固定好的材料用蒸馏水冲洗2遍，然后放入预热的60℃的1mol/L盐酸溶液中恒温处理5min左右。倒去盐酸，用蒸馏水冲洗3遍，将材料浸泡在蒸馏水中2h。

（五）染色液和制片

1. 染色液

丙酸-铁钾矾苏木精配方如下。

贮存组：A液：苏木精2g，溶于100mL 50%丙酸。B液：铁钾矾0.5g溶于100mL 50%丙酸。

染色液：A液和B液等量混合，每5mL 的A液和B液的混合液中加入2g水合三氯乙醛，充分溶解摇匀，存放1d后使用。

2. 制片

选取解离后的根尖，放在干净的载玻片上，加入1滴上述染色液进行染色20min左右，加盖玻片。注意用铅笔橡皮头轻敲盖玻片，使根尖细胞分散均匀。

（六）镜检

将制备好的片子置于显微镜下观察，寻找具有分裂相的细胞。

（七）染色体照片的测量和对比

1. 测量

选择处于细胞有丝分裂中期，染色体分散良好，没有重叠，数目完整，形态清晰，且各条染色体处于同一平面上的细胞进行测量。

2. 显微照相、冲洗和放大

将在显微镜下选定的符合要求的细胞进行显微照相，然后冲洗，选取图像清晰的底片，放大、洗印出染色体形态清晰的照片。在显微照相的同时，对镜台测微尺进行同样倍数拍摄，放大，然后根据照片上的实际长度，计算放大倍数。

3. 测量和计算

在放大的照片上准确量出各条染色体的总长度和每条染色体两臂的长度（分别量到着丝点中部位置）。

染色体形态分析常用如下指标。

$$染色体绝对长度（\mu m）=[放大染色体长度（mm）/放大倍数]\times 1000$$
$$染色体相对长度（\%）=[染色体绝对长度（\mu m）/染色体组总长度（\mu m）]\times 100\%$$
$$臂比=长臂（\mu m）/短臂（\mu m）$$
$$着丝粒指数=短臂（\mu m）/该染色体长度（\mu m）$$

4. 剪贴和配对

将放大照片上的各条染色体剪下，根据目测和染色体的相对长度、臂比、着丝粒位置、次缢痕的有无和位置、随体有无和形态大小等特征，进行同源染色体配对。

5. 排列和粘贴

将配对好的染色体按照由大到小的顺序依次排列起来。排列时注意把各对染色体的着丝粒排在一条直线上，并且使短臂在上，长臂在下。等长的染色体，把短臂较长的染色体排在前面。随体染色体排在最后，性染色体和额外染色体单独排列。

已排好的同源染色体按染色体编号先后顺序粘贴在绘图纸上，粘贴时注意着丝粒处在同一直线上。

6. 分类

根据着丝点的位置，确定染色体的形态类型。臂比反映了着丝点在染色体上的位置（表29-1）。用 sat 代表具有随体的染色体，计算染色体长度时，可以包括随体也可以不包括，但需要注明。

表 29-1 染色体形态类型

臂比	染色体类型	符号
1.0	正中着丝粒染色体	M
1.0～1.7	中间着丝粒染色体	m
1.7～3.0	近中着丝粒染色体	sm
3.0～7.0	近端着丝粒染色体	st
7.0 以上	端部着丝粒染色体	t

四、课堂作业

（1）提交染色体形态测量数据。
（2）简述本实验的染色体组型结果，以及核型公式。

五、思考题

（1）做好染色体制片应注意哪些问题？
（2）描绘所观察到的细胞有丝分裂过程中各时期的图像，并简要说明染色体的行为特征。

实验三十

植物细胞程序性死亡的 TUNEL 检测

植物细胞程序性死亡（programmed cell death，PCD）是植物生长发育过程或环境胁迫下，由基因调控主动移除多余的、受伤细胞的过程。PCD 从胚胎发生一直到个体的死亡，伴随植物生长发育的每个阶段，包括胚胎发育过程中胚柄细胞的移除、单子叶植物种子萌发过程中糊粉层的解体、木质部管状分子的分化、通气组织和表皮毛的形成、性别的决定、花药绒毡层的降解、花器官的脱落、花粉的自交不亲和、叶片形状的重构和叶子的衰老等。同时，PCD 也参与了植物的免疫反应和对环境信号的应答，如真菌入侵后的超敏反应；高浓度盐、极端温度、重金属离子、紫外线等均能诱导植物 PCD。植物 PCD 过程中，会表现出细胞核的凝聚、DNA 的片段化、细胞质凝集和质膜塌陷等现象。其中细胞核的变形及 DNA 的片段化是 PCD 过程的关键特征。因此，利用 4′,6-脒基-2-苯基吲哚（DAPI）标记和末端脱氧核糖核苷酸转移酶（TdT）介导的脱氧核苷酸缺口末端标记法（TUNEL 检测），可观察到 PCD 过程中，细胞核的形态变化及 DNA 的片段化。基因组 DNA 会发生断裂降解，会产生的一系列 DNA 的 3′-OH 端。在末端脱氧核糖核苷酸转移酶的作用下，可将脱氧核糖核苷酸和荧光素、过氧化物酶、碱性磷酸化酶或生物素形成的衍生物标记到 DNA 的 3′-OH 端，在荧光显微镜下可观察到荧光。

花蜜腺是分布于花器官中的一类分泌糖类的腺体，用于吸引昆虫传粉。当完成传粉后，部分植物的蜜腺也失去存在的意义，因此，蜜腺会通过 PCD 途径而逐渐解体。圆叶牵牛分布广泛，花期短，其花蜜腺是检测 PCD 特征理想材料。

一、实验目的和要求

（1）了解 TUNEL 检测细胞程序性死亡的基本原理。
（2）掌握 TUNEL 和 DAPI 检测的基本方法。

二、实验用品

1. 实验材料

圆叶牵牛开放前的花蕾及开放 2h 的花。

2. 药品与试剂

PBS 缓冲液，4%多聚甲醛，蛋白酶 K（10~20μg/mL Tris/HCl 缓冲液配制，pH7.4），TUNEL 检测试剂盒（TaKaRa 公司，中国大连），DAPI（1mg/L 的 DAPI 染液溶于 10mmol/L Tris/HCl 缓冲液，pH 7.4），石蜡切片制作相关试剂（见实验八石蜡切片技术），DNase I。

3. 实验器具

染色缸、湿盒、荧光显微镜。

三、实验内容和方法

（1）取圆叶牵牛开放前的花蕾及开放 2h 的花，剥去花萼、花冠、雄蕊，露出雌蕊及子房基部的蜜腺（图 30-1），切取花蜜腺，4%多聚甲醛固定 12h，制作花蜜腺横切面的石蜡切片（见实验八石蜡切片技术）。

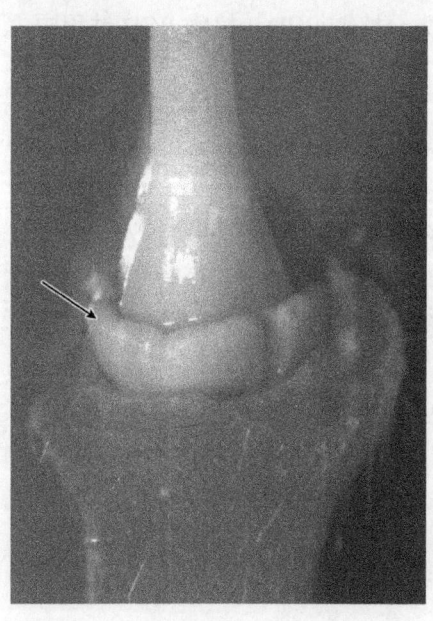

图 30-1　去除花萼、花瓣和雄蕊的圆叶牵牛花

箭头所示为蜜腺的位置

（2）石蜡切片脱蜡（两次纯二甲苯，1/2 无水乙醇＋1/2 二甲苯，各 30min），经乙醇系列复水（100%、100%、95%、85%、70%、50%、30%，各 5min），蒸馏水冲洗 2 次。再浸入（pH 7.4）PBS 缓冲液（现用现配）中漂洗 2 次，各 5min。蛋白酶 K 温育 30~40min（37℃），缓冲液漂洗 3 次，每次 5min。依照 TaKaRa 公司提供的 In situ Apoptosis Detection Kit（RNase-free，TaKaRa，中国大连）进行操作。阳性组用 2μl DNase I 处理 15min，再滴加 5μl TdT 酶和 45μl Labeling Safe Buffer 混合液（冰上混合，即用即配）。阴性组滴加 50μl Labeling Safe Buffer。反应组加入 5μl TdT 酶和 45μl Labeling Safe Buffer 混合液（冰上混合，即用即配）。然后在 37℃避光条件下温育 90min。PBS 缓冲液漂洗 3 次，各 5min 后终止反应。最后将样品滴加 20μl DAPI 染

液，避光染色 20min，水洗 3 次，每次 5min，荧光封片液封片。

（3）荧光显微镜观察。将封片后切片样本置荧光显微镜观察，先将荧光激发模块选择"2"（激发波长 365~425nm，发射波长 454nm），观察 DAPI 染色结果，细胞核呈浅蓝色荧光，没有发生 PCD 的细胞核形态较为规则，荧光亮度均匀。而发生 PCD 的细胞核形态不规则，荧光亮度不均匀，部分区域特别亮（染色体凝聚）。观察拍照后，将荧光激发模块选择"3"（激发波长 420~485nm，发射波长 520nm），观察 TUNEL 检测结果，发生 PCD 的细胞核（DNA 断裂）被标记为绿色荧光，没有发生 PCD 的细胞核则没有绿色荧光信号。阴性对照中，细胞核能被 DAPI 染色，但无法检测到 TUNEL 荧光信号。观察中要注意，植物的木质化组织也会产生绿色的自发荧光，如导管分子，因此，观察时要注意区分，并做好阴性对照。

四、思考题

（1）了解 TUNEL 检测 PCD 的基本原理。

（2）思考细胞程序性死亡对多细胞生物生长发育及适应环境的意义。

实验三十一

植物细胞微丝骨架的活体观察

从广义上来讲，细胞骨架是一种细胞器，包含微管、微丝和中间纤维3种不同的成分。迄今为止，在植物细胞中仅发现了微管和微丝这两种细胞骨架。它们在细胞内高度动态，参与着许多重要的生理过程：细胞形态建成、细胞分裂、胞质运输、细胞器的运动等。细胞内的骨架结合蛋白参与着细胞骨架的动态调控。

一、实验目的和要求

（1）初步了解细胞骨架。
（2）了解微丝骨架阵列与细胞形态建成的关系。
（3）初步探索微丝骨架的动态变化与植物细胞应激反应的关系。

二、实验用品

1. 实验用品
转入 *GFP-Lifeact* 基因的拟南芥。
2. 药品与试剂
PBS 溶液，NaCl 溶液（0.5mol/L）（溶液配方见附录二）。
3. 实验器具
荧光显微镜，镊子，载玻片，盖玻片。

三、实验内容和方法

（一）观察植物细胞内的微丝骨架阵列

为了适应功能的需要，不同类型的植物细胞形成了其特有的形态。取转入 *GFP-Lifeact* 基因的拟南芥幼根及幼叶，制作临时装片，于显微镜明场下仔细观察幼叶上的表皮细胞和幼根成熟区上的根毛细胞的形态。然后转至荧光下（激发波长488nm）观察这两种类型的细胞内微丝骨架的排列方式。

1. 幼根伸长区根毛细胞

细胞形状呈长管状，在大多数的根毛细胞内微丝骨架的排列大致与根毛的生长方向平行。

2. 幼叶的叶表皮细胞

成熟的双子叶植物叶表皮细胞大多排列紧密，呈不规则的多边形。幼叶的表皮细胞还在生长发育中，其内的微丝骨架在细胞的某些部位密集，在该部位的进一步伸展中发挥作用。

（二）观察盐溶液处理后植物细胞内微丝骨架阵列的变化

植物细胞内的微丝骨架是高度动态的，根据植物细胞本身的生长状态，以及外界环境信号刺激的不同，微丝骨架的排列会发生显著的变化。

重新取拟南芥幼根及幼叶，制作临时装片，于荧光显微镜下（激发波长488nm）观察叶表皮细胞和根毛细胞内微丝骨架的排列方式，并分别绘出大多数叶表皮细胞和根毛细胞内的微丝骨架阵列。然后取下该装片，在盖玻片的一端滴加 NaCl 溶液（0.5mol/L），将吸水纸放在盖玻片另一端，轻轻地使 NaCl 溶液浸润标本，静置 2min 后于荧光显微镜下观察细胞内微丝骨架的阵列是否发生变化。

四、思考题

（1）在根毛细胞中，微丝骨架为什么与根毛的轴向平行，猜测一下这种排列方式与根毛生长方式之间的关系。

（2）盐溶液处理后，叶表皮细胞和根毛细胞内的微丝骨架阵列发生了怎样的变化？为什么？

实验三十二

花粉活力与柱头可授性检测

传粉过程始于花药开裂和成熟花粉的散出，携带着雄配子或其前体的花粉粒被暴露在干燥条件下，必须在具有活力时到达适宜的接受柱头才能完成传粉过程，具有接受花粉的适宜柱头的花朵即处于柱头可授粉期。花粉保持活力的时间长短和柱头可授粉期的长短组合在一起，深刻影响着植物的传粉成功率，特别是异花传粉的植物。因此，对植物花粉活力与柱头可授性的研究，可为人工杂交育种提供重要的理论指导。

一、实验目的和要求

（1）了解花粉活力和柱头可授性对植物传粉的意义。
（2）掌握检测植物花粉活力和柱头可授性的方法。

二、实验用品

1. 实验材料
盛花期的拟南芥。

2. 药品与试剂
蒸馏水、氯化三苯基四氮唑、蔗糖、联苯胺、过氧化氢。

3. 实验器具
显微镜、载玻片、凹面载玻片、盖玻片、直头细镊子、解剖针、滤纸、平皿（60mm）。

三、实验内容

（一）花粉活力检测

花粉活力检测采用TTC（2, 3, 5-氯化三苯基四氮唑）法。利用0.5% TTC蔗糖溶液使有生活力的花粉变成红色，而使丧失生活力或者败育的花粉不显红色来测定花粉生活力。具体方法是：将散出不同时间的花粉撒在载玻片上，滴加含 0.5% TTC 的蔗糖溶液，迅速盖上盖玻片，置入内有湿滤纸的平皿中，连同平皿放置在 37℃ 黑暗条件下 2h。统计盖玻片中央部位 3~5 个视野中红色花粉所占的比例，随机选取 6 朵小花进行测定，计算平均值。

数据采用 Excel 进行处理，采用 SPSS 进行显著性分析，然后将实验结果以图表的形式呈现。

（二）柱头可授性检测

用联苯胺-过氧化氢法测定柱头可授性。在盛花期，每天中午采开花后不同天数的花朵，将其柱头放入凹面载玻片中，滴加联苯胺-过氧化氢反应液（1%联苯胺：3%过氧化氢：水=4：11：22，体积比），盖上盖玻片，迅速置显微镜下观察。若柱头具可授性，则柱头周围的反应液呈现蓝色并有大量气泡出现。通过比较气泡量的多少和大小可以衡量柱头可授性的强弱。

数据处理分析后将实验结果以图表的形式呈现，参考表 32-1。

表 32-1　柱头可授性检测结果

开花时期	时间/h	人工异株授粉法结实率/%	联苯胺-过氧化氢法可授性
开花前	48	—	+
	24	—	+
开花后	1	22.5	+
	12	20.0	+
	24	36.7	++
	48	38.7	++
	72	26.3	++
	96	13.8	+
	120	—	+/−

资料来源：黄修梅等，2008。

注："+"表示柱头具有可授性；"++"表示柱头具有强可授性；"+/−"表示部分柱头具有可授性，部分柱头不具有可授性。

四、思考题

（1）思考并查找 TTC 检测花粉活力的原理。

（2）根据花粉活力和柱头可授性检测结果选出最适宜人工授粉的时间段。

实验三十三

花粉体外萌发及花粉管生长的观察

花粉作为植物的雄配子体，落到柱头上后，通过萌发生长出花粉管，将精细胞运至胚囊完成受精作用。花粉的萌发，以及花粉管的生长是植物有性生殖过程中的重要事件，常常将其作为研究植物细胞极性生长、分化及信号转导的重要体系。

一、实验目的和要求

（1）了解植物细胞的生长方式，理解顶端生长的概念。
（2）了解花粉管体外萌发生长的适宜条件。

二、实验用品

1. 实验材料
百合花粉。

2. 药品与试剂
KNO_3、$MgSO_4$、H_3BO_3、$Ca(NO_3)_2$、蔗糖。

3. 实验器具
显微镜、载玻片、盖玻片、镊子。

三、实验内容和方法

（一）离体培养最优培养基的筛选

以百合花粉为材料，采用液体培养法研究培养基中钙离子、硼离子、聚乙二醇（PEG），以及蔗糖浓度对百合花粉离体萌发生长的影响。

以蔗糖浓度为例：在液体培养基[0.99mmol/L KNO_3、0.08mmol/L $MgSO_4$、0.162mmol/L H_3BO_3、1.27mmol/L $Ca(NO_3)_2$，pH 5.6]中分别加入5%、10%、15%和20% 4个不同浓度的蔗糖，取一定量的花粉于上述液体培养基中28℃，100r/min 培

养 2h，然后将样品固定，统计分析不同浓度的蔗糖对花粉萌发和花粉管生长的影响，每个浓度重复 3 次，每次重复随机观察 3 个视野，每视野观察花粉数不少于 50 粒，统计花粉萌发率；同时用显微测微尺测量花粉管长度（μm），每视野随机测量 10 个花粉管，每处理共测 90 个花粉管长度，计算其平均值。数据采用 Excel 进行处理，采用 SPSS 进行显著性分析后将实验结果以图表的形式呈现，参考表 33-1。

表 33-1 不同浓度蔗糖对花粉萌发及生长的影响

蔗糖浓度/(g/L)	萌发率/%				花粉管长度/μm			
	1	2	3	平均	1	2	3	平均
0	64.4	79.0	71.3	71.6	407.3	427.3	392.0	408.9
50	72.3	89.0	81.5	80.9	493.7	633.0	364.7	497.1
100	96.0	97.0	98.6	97.2	618.7	478.3	497.7	531.6
150	38.1	85.0	86.9	70.0	180.7	301.0	347.7	276.5
200	3.1	6.1	6.9	5.4	153.3	164.6	181.8	166.6

资料来源：刘自刚等，2011。

（二）离体培养培养条件的优化

以百合花粉为材料，采用液体培养法研究培养基的 pH、培养温度和培养时间对百合花粉离体萌发生长的影响。

以培养时间为例：取一定量的花粉于液体培养基[10%蔗糖，0.99mmol/L KNO_3，0.08mmol/L $MgSO_4$，0.162mmol/L H_3BO_3，1.27mmol/L $Ca(NO_3)_2$，pH 5.6]中，28℃，100r/min 培养，在 1h、1.5h、2h、3h、4h、6h、8h 这几个时间点分别取样固定，然后在显微镜下观察并统计分析花粉萌发和花粉管生长的情况。

数据采用 Excel 进行处理分析后将实验结果以图表的形式呈现，参考图 33-1。

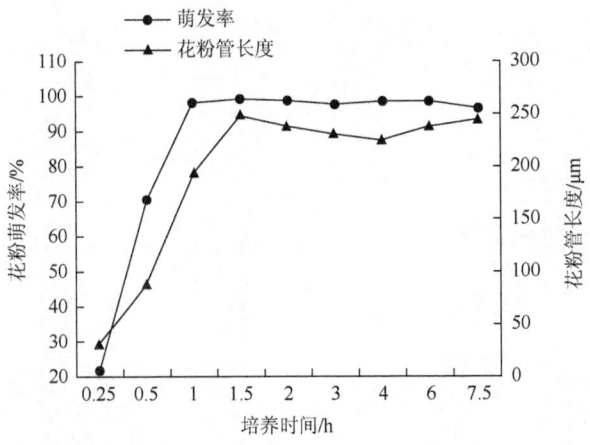

图 33-1 不同培养时间对花粉萌发及生长的影响（引自刘自刚等，2011）

四、思考题

选出百合花粉离体培养最适合的培养基和培养条件。

实验三十四

人工传粉实验

传粉是指雄蕊的成熟花粉粒借助一定的媒介力量，被传送到同一朵花或另一朵花雌蕊柱头上的过程。传粉是植物有性生殖过程中的重要环节，对于植物的个体发育和系统发育具有重大意义。传粉有两种不同的方式，即自花传粉（self pollinating）和异花传粉（cross pollinating）。

一、实验目的和要求

了解校园常见植物的花器构造，通过实际操作掌握人工传粉技术。

二、实验用品

1. 实验材料
校园内或实验地正在开花的植物。

2. 实验器具
镊子、隔离袋、回形针、标签牌等。

三、实验内容和方法

（1）在校园内或实验地选择两性花植物，在开花前进行套袋处理，挂牌标记，判断在自然状态下是否存在自花传粉而结实的可能性。

（2）在实验地寻找合适的花的枝头，除去两性花中未成熟花的全部雄蕊（去雄），不进行套袋处理，判断自然状态下是否存在异花传粉并结实的可能性。

（3）在实验地寻找合适的两性花的枝头，用尖头镊子拨开花瓣（可去除一部分花瓣，方便授粉），除去里面所有的雄蕊，留下雌蕊。取同一植株其他枝头的成熟花粉，将其花药涂抹在已去雄花雌蕊的柱头上，进行挂牌标记，判断是否自花传粉而结实,这种方法称为人工自交。

(4) 在实验地寻找合适的两性花的枝头,除去所有雄蕊。给雌蕊授以其他植株的花粉并进行套袋处理,观察异交结实情况。

(5) 统计各种处理后的结实率,并以未处理的花作为对照。

四、注意事项

(1) 去雄时,可去除部分或者全部花瓣,以免影响授粉过程。

(2) 去雄时要轻缓,防止其自身花粉脱落,粘在柱头上,影响实验。

(3) 授粉时,花粉要具有一定数量,需要在柱头上轻轻涂抹数次,保证有足够的花粉,有时甚至需要连续几天授粉,从而保证结实率。

(4) 一般在植物的盛花期进行人工传粉,上午 10 点至下午 4 点以前花心柱头上有分泌黏液为最佳授粉期。

实验三十五

植物花粉管向胚珠的定向生长

由于被子植物的精细胞无法运动，因此，被子植物有性生殖的完成需要借助花粉管来将精细胞传递至胚珠的胚囊中。花粉管是如何感知信号定向地向胚珠生长的呢？早期的观察发现胚囊中的助细胞含有丰富的内质网结构，暗示助细胞有活跃的蛋白质合成，由此推测，助细胞分泌的蛋白质参与了花粉管的定向生长。近年的研究表明，当用激光使助细胞猝死后，花粉管就不再向胚珠生长了。直接证实了助细胞参与诱导花粉管的定向生长。目前，助细胞表达的参与诱导花粉管定向生长的基因已经被克隆到。在体外，用琼脂小球包裹该基因所编码的蛋白质，亦能引导花粉管向琼脂小球的定向生长。本实验拟选用拟南芥作为实验材料，来观察花粉管向胚珠定向生长的现象。

一、实验目的和要求

观察花粉管向胚珠定向生长的现象。

二、实验用品

1. 实验材料

当天开放的拟南芥花朵。

2. 药品与试剂

硼酸（H_3BO_3）、氯化钙（$CaCl_2$）、氯化钾（KCl）、硫酸镁（$MgSO_4$）、蔗糖、氢氧化钠（NaOH）及低熔点琼脂糖。

3. 实验器具

镊子、解剖针、解剖镜等。

三、实验内容和方法

（1）按要求配制培养基，并加入终浓度为1.5%的低熔点琼脂糖，于60℃水浴中熔化(培养基成分：H_3BO_3 0.01%；$CaCl_2$ 5mmol/L；KCl 5mmol/L；$MgSO_4$ 1mmol/L；蔗糖 15%；用大约 30μL 0.1mol/L NaOH 调 pH 至 7.5)。

(2) 将培养基铺展于 3cm 左右的塑料培养皿中(培养基的厚度为 2mm 左右)，置于 4℃冰箱让其凝固(大约需要 20min)。

(3) 在此期间，采集新鲜开放的拟南芥花朵(花粉的活力最高)。

(4) 在解剖镜下，用尖头镊子去掉花朵的花瓣、花萼，留下雄蕊与雌蕊。将雌蕊前端包含花柱的部分用锋利的单面刀片切下，置于凝固的培养基中(图 35-1)。

(5) 用镊子取下雄蕊，夹住花丝，对分离的花柱柱头进行人工授粉。在高倍解剖镜下，可以看见花粉黏附于花柱前端的指状突起细胞之间。

(6) 再将未受精的胚珠置于花柱切面前端约 100μm 的范围内(图 35-1)。胚珠分离的方法：将雌蕊用双面胶固定于载玻片上，用尖细的解剖针沿腹缝线轻轻划开子房，可见胚珠。用解剖针轻轻划断胚珠的珠柄后，可用针尖的侧面带出胚珠(注意不要损伤胚珠)。

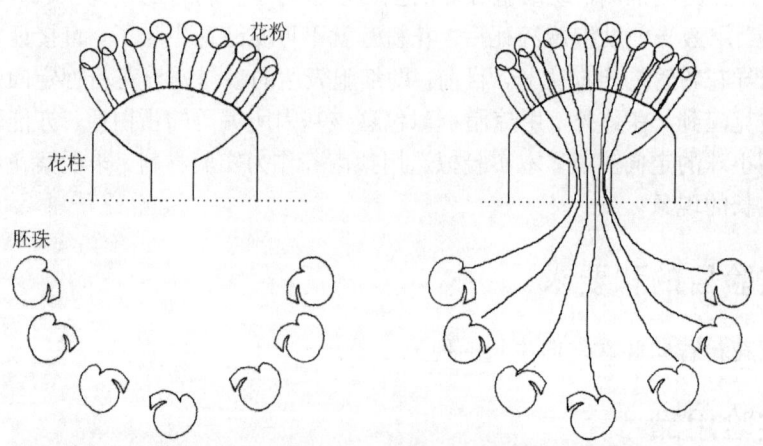

图 35-1　花粉管向胚珠定向生长的体外培养系统示意图

(7) 将培养皿密封，置于 21℃培养。为防止液体蒸发，可在培养皿内四周放上一圈浸润的棉花以保持皿内的湿度。为了方便花粉管从花柱中长出，应注意检查花柱的切口端是置于培养基之上，而不是埋于培养基之中。

(8) 3~4h 后，在倒置显微镜下检查花粉管从花柱切面长出的情况(时间随切割的花柱长短不一样会有所不同)。当花粉管长出后，在倒置显微镜下间断地观察，可见花粉管在胚珠的诱导下发生定向生长而进入珠孔的现象(图 35-1)。

四、课堂作业

(1) 检验胚珠引导花粉管定向生长的种属特异性。

（2）在进行上述实验的过程中，可将体外培养系统中的拟南芥胚珠换成烟草的胚珠，然后再观察花粉管是否还能向胚珠定向生长。

五、思考题

（1）花粉管是如何感知胚珠信号的？
（2）如何能分离到花粉管上接受信号的受体？

实验三十六

人工诱导针叶树创伤树脂道的形成

针叶树是指树叶细长如针，多为常绿树，材质一般较软，有的含树脂的一类裸子植物，主要由松科的类群构成。针叶树是重要的经济森林树种，他们分布广泛，生命周期长，是生态系统的重要组成部分。松科植物的起源时间可追溯到侏罗纪甚至三叠纪，在地质时期是一个很庞大的类群，有过很多属，针叶树的大部分种类具有一种可诱导的防御系统，有化石证据表明这种防御系统至少存在了 4500 万年。针叶树具有复杂庞大的防御系统及有效的防御策略，是其得以长久存在的重要原因和保障。针叶树在正常生长发育过程中会产生树脂道，这种树脂道称为构成性树脂道，是构成性防御的主要部分。当针叶树受到机械损伤、昆虫取食、真菌感染时，能够诱导针叶树产生创伤性树脂道，形成其诱导性防御。构成性防御和诱导性防御相互协调组成了针叶树强大的防御体系。

一、实验目的和要求

（1）了解针叶树创伤树脂道形成原理。
（2）了解创伤性树脂道与构成性树脂道在形成位置、形态结构方面的异同。
（3）学习滑走切片机的使用方法。

二、实验用品

1. 实验材料

直径 10cm 左右的白皮松、雪松等针叶树。

2. 药品与试剂

FAA 固定剂，甘油软化剂（甘油与 95%乙醇 1∶1），乙醇脱水（50%、70%、85%、95%、100%），番红染色剂，固绿染色剂。

3. 实验器具

滑走切片机、显微镜、小刀、镊子、毛笔、打孔器、培养皿、载玻片、盖玻片。

三、实验内容和方法

（一）机械损伤诱导创伤树脂道

4~6月份选取健康白皮松2株，其中一株在距地面1.5m处，用直径5mm打孔器进行创伤处理，打孔深度达形成层。另一株不作处理作为对照。处理30d后，在伤口上方或者周围取样，取样大小为3cm×2cm，所取样品应包括韧皮部、形成层、木质部，对照株也在相同位置取样，取下的样品迅速置入FAA固定剂中固定24h后，移入甘油软化剂中软化2周。

（二）滑走切片机切片

将软化后的样品置于滑走切片机的样品夹中固定好，调节滑走切片机切片厚度为50μm，安装好切片刀，调整样品位置，使刀刃靠近样品，并使样品与刀刃平行。右手扶切片刀的夹刀滑行部分，向内均匀用力拉动，切片便被切下并黏附于刀的表面，用毛笔蘸水将切片取下放入培养皿中，然后将刀推回。当刀向后推时，样品固定器会按调节好的厚度上升。如此重复，便可获得许多厚度均匀的完整切片。

（三）切片的染色与观察

将切片小心用镊子移至番红染色剂中染色30~60min，用蒸馏水洗去浮色，置于载玻片上制成临时装片，用显微镜观察。也可脱水后用固绿对染，再经脱水、透明和封片制成永久装片。创伤树脂道常形成于靠近形成层部位，新分化形成的次生木质部中，成行排列。韧皮部及早期形成木质部中的树脂道为构成性的树脂道（图36-1）。

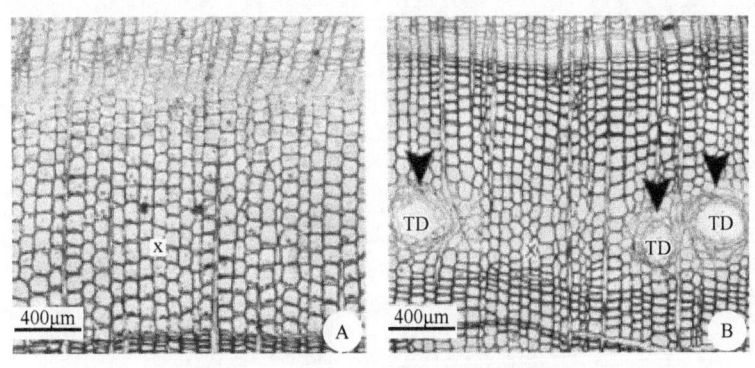

图36-1 人工诱导创伤树脂道的形成

A. 对照；B. 次生木质部（X）中的创伤树脂道（TD）

四、思考题

除树脂道外,针叶树还有哪些防御体系?

实验三十七

校园植物观察与识别

大学校园就是我们身边的微型植物园。通过观察校园植物，扩大和巩固所学的理论知识，使理论和实践相结合，综合运用课堂知识，培养综合分析问题和解决问题的能力，初步理解植物的多样性，为野外实习打基础。

一、实验目的和要求

（1）通过校园植物观察，识别常见的校园植物及珍稀植物。
（2）了解校园植物生长习性和环境之间的关系。

二、实验用品

1. 实验器具
放大镜、镊子、解剖针。
2. 工具书
《秦岭植物志》、《秦岭常见植物图鉴》、《中国植物志》。

三、实验内容和方法

由教师带领学生在校园内观察并现场讲解常见植物的名称和主要特征，指导学生学习野外识别植物的基本方法，解剖观察花（或果实），认识校园常见植物，并依据教材或参考书的形态学术语仔细观察，掌握常见植物类群的主要识别特征及形态学描述术语。培养学生利用科学工具书查阅相关知识的能力，培养学生社会实践能力，增长学生植物学知识，并为野外实习打下基础。

四、课堂作业

（1）熟悉校园植物的种名和科名。

（2）列出 30 种校园植物的种名和科名，并写出种的主要识别特征。

五、思考题

（1）常见校园植物形态特征之间有什么区别？
（2）校园植物的系统发育关系如何？

实验三十八
校园植物物候期的观测与记录

植物长期适应其生长地区1年温度节律变化而形成的植物生长发育规律，称为物候。植物的生长、发育规律对气候的反应时间称为物候期。植物物候反映了植物的季节性现象同环境的周期性变化之间的相互关系，是植物生殖生物学、分类学等各项科学研究工作的基础。在科研和生产中，常常要对植物的物候期进行观察，深入了解植物的特征表现和生态适应性，积累资料，作为制订农业生产技术措施和科学研究的参考。利用物候指导农业生产和科研工作，比利用平均气温、积温和节令更准确。

物候期的观察是在一定条件下，随1年季节的变化，观察记录植物器官生长发育和变化进程。物候观测应按照统一的指标（物候期）进行。植物的物候期大体上包括：Ⅰ幼苗期；Ⅱ营养期（叶和枝条的形成，分枝、出叶等）；Ⅲ孕蕾期；Ⅳ开花期；Ⅴ结果期；Ⅵ果熟期；Ⅶ下种期（成熟的果实、种子、孢子和其他繁殖体脱离母体）；Ⅷ果后营养期。在实际观察中，可根据研究目的和观测对象的不同，进行适当调整。

一、实验目的和要求

（1）掌握植物物候观测的基本方法。
（2）学习运用物候观测资料和环境资料分析植物的生长发育与环境之间的相互关系。

二、实验用品

1. 实验材料
校园常见植物。

2. 实验器具
海拔仪、经纬仪、地图、皮尺、卷尺、游标卡尺、温度计、湿度计、pH试纸、物候观测登记表、标本采集工具等。

三、实验内容和方法

（一）观测对象和地点

本实验选在户外进行。由 2 或 3 个学生组成小组，选择校园野生或陆地栽培的 5～10 种常见植物进行观测。木本种类，应选生长健壮、已经开花结实 3 年以上的中龄树。观测植株应在同一观测点上选择 3～5 株，并在阳面观测。草本种类，应选无病虫害、生长发育正常的植株。在株数方面，丛生的种类，可选一小片零散分布的种类，选取彼此靠近的数十株。选择好观测植物后，应做好标记，并填写观测植物登记表，包括观测地行政位置，经、纬度，海拔高度，植物种名，年龄，高度，胸径（树木），盖度（或冠幅），生长地地形，环境特点和土壤特性等。

（二）观测时间

观测时间为常年观测，不漏掉任何一个物候期。在隆冬和盛夏物候现象变化较慢的季节，观测的间隔可以稍长一些；春季和秋季物候现象变化较快的季节，应逐日或隔日进行观测。观测一般应在每天的下午进行，但开花期应在上午进行。

（三）物候观测指标的确定

观测植物的物候期，应关注关键器官（如茎、叶、花）的物候日期。本实验观测指标为芽萌动期、展叶期、开花期、果实或种子成熟期、草本植物的枯黄期（木本植物为叶变色期、落叶期、绿叶期）。

（四）观测与记录

每次观测时用温度计和湿度计测量当时温度与湿度，通过气象预报记录当日最高和最低气温，以及每日昼夜时间长短等因素。

将植物物候观测数据分别记录在不同表格上（表 38-1，表 38-2）。由于对各物候期的理解和把握程度不同，因此在物候描述时力求文字精练、规范，最好附有统一标准。

（五）物候观测数据的整理

在观测得到大量数据后，即进入室内资料整理和分析阶段，以找出各物候期的规律性。首先将所得数据进行汇总，在此基础上，进行物候曲线图、物候谱和等物候线图的绘制工作。本实验将被观测植物花芽、叶芽生长动态，结合观测期温度、湿度、光照时间进行分析，以期得出被观测植物与以上因子间的关系。

表38-1 乔木、灌木植物物候观测记录表

物候观测单位：　　　　　　观测人：　　　　　　观测时间：

编号：	中文名：	学名：	科名：	树龄或种植年代：	
观测地点：		纬度、经度：		海拔　　　　m	
生态环境：		地形及坡度：	土壤类型及酸碱度：	伴生植物：	
Ⅰ 芽萌动期	1. 叶芽开始膨大期	2. 叶芽开放期	3. 花芽开始膨大期	4. 花芽开放期	
时间					
Ⅱ 展叶期	1. 开始展叶期		2. 展叶盛期		
时间					
Ⅲ 开花期	1. 花蕾或花序出现期	2. 开花始期	3. 开花盛期	4. 开花末期	5. 第二次开花期
时间					
Ⅳ 果实或种子成熟期	1. 果实或种子开始成熟期		2. 果实或种子脱落开始期	3. 果实或种子脱落末期	
时间					
Ⅴ 叶变色期	1. 秋季或冬季叶开始变色期		2. 秋季或冬季叶完全变色期		
时间					
Ⅵ 落叶期	1. 落叶开始期		2. 落叶末期		
时间					
Ⅶ 绿叶期					

表38-2 草本植物物候观测记录表

物候观测单位：　　　　　　观测人：　　　　　　观测时间：

编号：	中文名：	学名：	科名：	种植时间：	
观测地点：		纬度、经度：		海拔　　　　m	
生态环境：		地形及坡度：	土壤类型及酸碱度：	伴生植物：	
Ⅰ 芽萌动期	1. 地下芽出土期		2. 地上芽变绿期		
时间					
Ⅱ 展叶期	1. 开始展叶期		2. 展叶盛期		
时间					
Ⅲ 开花期	1. 花蕾或花序出现期	2. 开花始期	3. 开花盛期	4. 开花末期	5. 第二次开花期
时间					
Ⅳ 果实或种子成熟期	1. 果实或种子开始成熟期	2. 果实或种子全熟期	3. 果实脱落期	4. 种子散布期	
时间					
Ⅴ 枯黄期	1. 开始枯黄期	2. 普遍枯黄期	3. 全部枯黄期		
时间					

四、思考题

结合乔木、灌木、草本植物物候观测记录表内容,完成校园常见 10 种植物物候观测,想想你能预测校园植物来年的花期吗?

实验三十九

植物总 DNA 的提取

核酸是生命的遗传基础，是生物体非常重要的一类大分子物质。近些年来，随着分子生物学的迅猛发展，基因 DNA 的提取已成为生物学专业必须掌握的基础技术。目前，已经发展了多种方法，成功地从植物叶片、叶芽、组培苗、果实、种子、韧皮部等组织器官中提取出 DNA。植物基因组 DNA 提取通常采用 CTAB（十六烷三甲基溴化铵, hexadecyltrimethylammonium bromide）作为提取缓冲液。因为 CTAB 能破除细胞质膜使蛋白质沉淀下来，从而能高效地从植物组织中提取基因组 DNA。提取植物基因组 DNA 的目的是从含多糖、多酚、单宁、色素及其他次生代谢物质的植物组织器官中提取和分离出 DNA。

一、实验目的和要求

掌握从植物组织中提取基因组 DNA 的基本技能和方法。

二、实验用品

1. 实验材料

核桃（*Juglans regia*）植物新鲜叶片、叶芽等组织材料，或置变色硅胶中干燥保存的叶片等植物组织材料。

2. 药品与试剂

CTAB 提取缓冲液，β-巯基乙醇（β-mercaptoethanol, 2%），氯仿，苯酚，异戊醇，异丙醇，乙醇，TE 缓冲液，TBE 电泳缓冲液，EB 染色剂（溴化乙锭），溴酚蓝，乙酸钠，琼脂糖。

3. 实验器具

台式高速离心机，离心管，移液枪（10μL、20μL、100μL、200μL、1000μL），微波炉，冰箱，水浴锅，组织破碎仪，琼脂糖凝胶电泳仪，电泳槽，梳子，钢珠，离心机，微波炉，电子天平，烧杯，量筒，Bio-Rad 凝胶成像仪。

三、实验内容和方法

（一）基因组 DNA 的提取

（1）称取约 100mg 新鲜植物叶片（或者硅胶干燥好的叶片 1g），去除叶脉（或者采用干叶片），放入 2mL 离心管中，并加入 1 粒 0.5cm 大小的钢珠，后置于组织破碎机中以 25Hz/s 的频率震荡 3min（如果叶片没有完全破碎，可以重复上述步骤一次）。轻柔摇晃离心管，然后把钢珠取出洗净晾干备用。

（2）在通风橱处加入 1mL 预先配置好的 CTAB 提取缓冲液（见附录三）至植物组织已破碎好的 2mL 离心管中。

（3）摇晃几次后，在通风橱中加入 β-巯基乙醇 20μL。充分混匀后置于 65℃水浴 60min，期间每隔 15min 轻轻上下颠倒，使之混匀。

（4）提取液和样品充分混匀，后取出样品，加入 500μL 氯仿并轻轻混匀，室温 13 000r/min 离心 5min。

（5）取上清液置新的 1.5mL 离心管中，加入 450μL 混合液（苯酚：氯仿：异戊醇=25：24：1，体积比），或者 450μL 混合液（氯仿：异戊醇=24：1，体积比）后轻轻混匀，室温 13 000r/min 离心 10min。

（6）取上清液置新的 1.5mL 离心管中，加入 400μL 氯仿并轻轻混匀，室温 13 000r/min 离心 5min（重复 2 次）。

（7）再取上清液置新的 1.5mL 离心管中，加入 90%的冷却异丙醇（4℃）和 10%的乙酸钠（3mol/L NaAc，pH 6.8）并轻轻混匀，室温 19 000r/min 离心 15min。

（8）移去上清液，加入 750μL 乙醇（70%）洗 2 或 3 次，轻轻将乙醇液体倒掉，注意保留离心试管底部的白色结晶状物质（可见少量白色絮状沉淀），室温干燥后溶于 TE 缓冲液（10mmol/L Tris，1.0mmol/L EDTA，pH 8.0）中，在 37℃水浴锅中放置 40min，然后置于 4℃冰箱保存。

（二）基因组 DNA 的纯度检测

用 1%琼脂糖凝胶电泳检测提取得到的植物基因组 DNA，来检测总 DNA 的纯度，在紫外灯下用凝胶成像系统拍照保存。具体步骤如下。

（1）用蒸馏水把电泳槽和梳子冲洗干净，在通风橱中装好挡板。

（2）用天平称取 0.7g 琼脂糖（agrose gel），放入 250mL 烧杯中，加入 70mL 预先配置好的 TBE 电泳缓冲液。在微波炉中加热 45s 使琼脂糖完全溶解，取少量溶液对制胶槽进行封边。

（3）将剩余的琼脂糖溶液冷却到 50℃，加入 1 滴 EB 染色剂，摇匀。电泳槽中倒入琼脂糖溶液，然后插入梳子，室温下静置冷却至凝固。

（4）凝胶做好后放入电泳槽缓冲液中，等待点样。

（5）在点样纸上把植物基因组 DNA 和染色指示剂溴酚蓝以 1.5μL∶3μL 混合，然后用移液枪进行点样。电泳设置参数为：电压，100V；电泳时间，40min（待指示剂前沿跑至 2/3 处停止电泳）。

（6）用凝胶成像仪紫外光照像后保存待分析（图 39-1）。

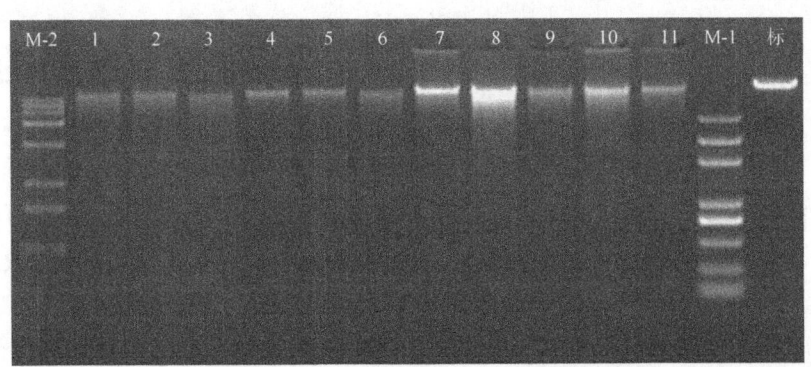

图 39-1　植物（核桃，*Juglans regia* L.）基因组 DNA 琼脂糖凝胶电泳检测图

M-1 为 Trans 2K Plus，上样 2μL；M-2 为 Trans 15K Plus，上样 2μL；标为标准品上样 5μL（10 ng/μL）；1～11 为 11 个核桃植物基因组 DNA 原液上样 1μL

四、课堂作业

提取 3～5 个植物叶片基因组 DNA，并将这些 DNA 进行检测。

五、思考题

（1）提取植物基因组 DNA 时，为什么要加入 KCl？

（2）提取植物基因组 DNA 时加入苯酚、氯仿之后，为什么要上下颠倒数次？

（3）提取植物基因组 DNA 时为什么最后要用 70%乙醇进行洗涤？

实验四十

植物总 RNA 的提取

植物细胞内含有丰富的 RNA，包括细胞质 RNA、细胞核 RNA 和细胞器 RNA。其中 rRNA 含量最大，占细胞总 RNA 的 80%左右。而基因转录产物 mRNA 在总 RNA 中只占 1%～5%。越来越多的研究表明，RNA 在植物的生命活动中发挥着多样的作用，而获得高质量、完整的 RNA 是进行深入研究的基础。与提取植物总 DNA 不同，由于 RNA 酶无处不在，提取总 RNA 中的主要问题是防止 RNA 酶的降解作用。目前小规模提取植物总 RNA 的方法有 SDS 法、Trizol 法、CTAB 法和试剂盒法。

一、实验目的和要求

（1）理解并掌握提取植物总 RNA 的原理。
（2）初步掌握提取植物总 RNA 的两种常用方法：Trizol 法和 CTAB 法。

二、实验用品

1. 实验材料
拟南芥新鲜叶片、花生种子。

2. 药品与试剂
DEPC、CTAB 提取缓冲液[2%CTAB，2.0mol/L NaCl，2% PVP，0.1mol/L EDTA（pH 8.0），25mmol/L EDTA（pH 8.0），2% β-巯基乙醇（使用前加入）]、Trizol 提取液、氯仿、异戊醇、DNase I（TaKaRa 公司）、LiCl、异丙醇、无水乙醇。

3. 实验器具
无 RNase 的枪头、离心管、研钵及研杵、药匙、铝箔纸。

RNA 提取过程中使用的枪头、枪头盒、离心管等塑料器皿应使用 0.1% DEPC 水浸泡 4h 后高压蒸汽灭菌，烘干；研钵用氯仿润洗消毒；实验中所用的提取液及各种液态试剂都用 0.1% DEPC 水配制，37℃放置过夜以抑制 RNase 活性；研钵、药匙及玻璃器皿应用铝箔纸包好后于烘箱中 180℃干热灭菌 6~8h。

三、实验内容和方法

（一）Trizol 法

Trizol 是一种新型总 RNA 抽提试剂（天根、Invitrogen 等生物公司均有出售），含有苯酚、异硫氰酸胍等成分，能迅速破碎细胞并抑制 RNA 酶活性，特别适用于幼嫩的、次生代谢产物少的植物组织。细胞中的 RNA 主要以核蛋白体形式存在，Trizol 试剂能够促进核蛋白体解离，将大量的 RNA 释放到水相中，而酸性酚的存在又能保证 RNA 稳定，同时抑制 DNA 解离，使 DNA 与蛋白质一起沉淀。取出水相，用异丙醇可沉淀回收 RNA。

实验步骤如下。

（1）于 1.5mL 离心管中加入 1mL Trizol 提取液。

（2）称取 100mg 植物材料，转移到提取液中，漩涡振荡混匀，15~30℃静置 5min。

（3）4℃，12 000g，离心 10min，取上清。

（4）加 0.2mL 氯仿，剧烈摇动 15s，15~30℃放置 2~3min，4℃，12 000g，离心 15min。

（5）取水相，加入等体积的异丙醇，颠倒混匀，15~30℃放置 20~30min，4℃，12 000g 离心 10min，去上清。

（6）用 1mL 冰预冷的 75%乙醇洗涤沉淀。

（7）4℃，5000g 离心 3min，轻轻倒掉上清，剩余的少量液体短暂离心，然后用枪头吸出，注意不要吸到沉淀。

（8）室温放置晾干，用 30~100μL DEPC 水溶解 RNA，-20℃短时间保存，-80℃长期保存。

（9）RNA 纯度检测。将 RNA 样品 1∶100 稀释后，用分光光度计测其在 OD260 和 OD280 处的吸光值，若 OD260/280 为 1.9~2.0，则 RNA 纯度较好；小于 1.8 时，表明蛋白质杂质较多；大于 2.2 时表明 RNA 已降解。

（二）改良的 CTAB 法

由于特定类型的植物细胞内含有多酚、多糖、萜类或其他无法确定的次级代谢产物，在完整的细胞内这些物质与核酸是相互分离的，但当组织被研磨，细胞被破碎后，这些物质就会与 RNA 相互作用。酚类化合物被氧化后会与 RNA 不可逆结合而导致 RNA 活性丧失；多糖会形成难溶的胶状物从而与 RNA 共沉淀下来；萜类化合物会造成 RNA 化学降解。因此，对于含次生代谢产物较为丰富的植物组织而言，在 RNA 提取过程中能否有效去除酚类化合物、多糖、其他代谢产物，以及能否有效去除 RNA 酶是提取高质量 RNA 的关键。

目前的研究表明，改良的 CTAB 法在提取含多糖酚和次生代谢产物较多的植物组织总 RNA 方面有着较好的效果。

以提取花生种子总 RNA 为例，实验步骤如下。

（1）取 0.2g 新鲜花生种子的子叶在液氮中充分研磨成粉末状，将磨好的粉末迅速转移至 65℃预热的含有 600μL CTAB 提取液[2% CTAB，2.0mol/L NaCl，2% PVP，0.1mol/L EDTA（pH 8.0），25mmol/L EDTA（pH 8.0），2% β-巯基乙醇（使用前加入）]的离心管中，立即涡旋振荡 30s，使其混匀。

（2）65℃水浴中放置 5min，期间涡旋振荡 3~5 次。

（3）取上清液，加入等体积的氯仿/异戊醇（24：1，V/V）涡旋振荡 1min，于 4℃下 12 000r/min 离心 15min。

（4）将上清液转移到一新的无 RNase 的离心管中，加入 3μL RNase free 的 DNase Ⅰ（TaKaRa 公司）及 1/10 体积 DNase Ⅰ缓冲液（10×），37℃水浴 1h，再加等体积的氯仿/异戊醇（24：1，V/V）涡旋振荡 1min，于 4℃下 12 000r/min 离心 15min。

（5）将上清液转移到另一新的 EP 管中，加入 1/3 体积的 8mol/L LiCl，使其终浓度为 2mol/L，4℃过夜沉淀。

（6）于 4℃下 12 000r/min 离心 20min，弃上清。

（7）分别用 70%乙醇、无水乙醇洗沉淀，室温晾干后加 20μL DEPC 水溶解沉淀。

（8）电泳或分光光度计检测所提 RNA 纯度，分光光度计检测方法如前所述，电泳检测如 RNA 质量较好，应与下图类似（图 40-1）。

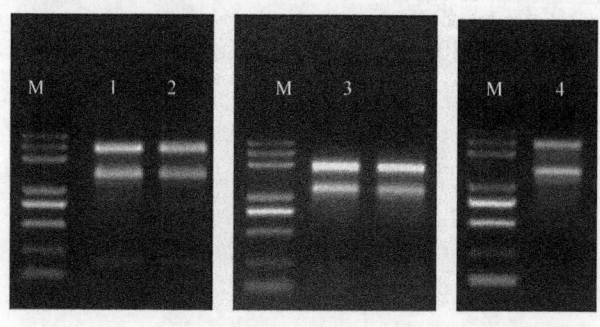

图 40-1　植物（麻核桃，*Juglans hopeiensis* Hu）RNA 琼脂糖凝胶电泳检测图

Marker 为 Trans 2K Plus；1~4 代表麻核桃的 4 个 RNA 样品；1、2. RNA 提取液不经稀释上样 0.5μL；3. RNA 提取液稀释 5 倍后上样 1μL；4. RNA 提取液稀释 3 倍后上样 1μL

四、思考题

（1）比较 Trizol 法和改良的 CTAB 法的异同，想一想为什么改良的 CTAB 法适用于提取次生代谢产物较多的植物组织的总 RNA？

（2）DNA 和 RNA 均为核酸，改良的 CTAB 法在提取总 RNA 时如何把 DNA 和 RNA 分开，原理是什么？

实验四十一

PCR 扩增技术

聚合酶链反应（PCR）是一种用于放大扩增特定的 DNA 片段的分子生物学技术，它可被看作是生物体外的特殊 DNA 复制，PCR 的最大特点是能将微量的 DNA 大幅增加。因此，无论是化石中的古生物、历史人物的残骸，还是几十年前凶杀案中凶手所遗留的毛发、皮肤或血液，只要能分离出一丁点的 DNA，就能用 PCR 加以放大，进行比对。这也是"微量证据"的威力所在。1983 年美国 Mullis 首先提出 PCR 设想，1985 年由其发明了聚合酶链反应，即简易 DNA 扩增法，这意味着 PCR 技术的真正诞生。至 2013 年，PCR 已发展到第三代技术。1973 年，中国台湾科学家钱嘉韵，发现了稳定的 *Taq* DNA 聚合酶，为 PCR 技术发展也做出了基础性贡献。

PCR 过程中 DNA 在体外 93～95℃高温时变性会变成单链，低温（经常是 48～65℃）时引物与单链按碱基互补配对的原则结合，再调温度至 DNA 聚合酶最适反应温度（72℃左右），DNA 聚合酶沿着磷酸到五碳糖（5′—3′）的方向合成互补链。基于聚合酶制造的 PCR 仪实际就是一个温控设备，能在变性温度、复性温度、延伸温度之间很好地进行控制。

PCR 原理：DNA 的半保留复制是生物进化和传代的重要途径。双链 DNA 在多种酶的作用下可以变性解旋成单链，在 DNA 聚合酶的参与下，根据碱基互补配对原则复制成同样的两分子拷贝。在实验中发现，DNA 在高温时也可以发生变性解链，当温度降低后又可以复性成为双链。因此，通过温度变化控制 DNA 的变性和复性，加入设计引物，DNA 聚合酶、dNTP 就可以完成特定基因的体外复制。但是，DNA 聚合酶在高温时会失活。因此，每次循环都得加入新的 DNA 聚合酶，这使得实验不仅操作烦琐，而且价格昂贵，制约了 PCR 技术的应用和发展。

耐热 DNA 聚合酶——*Taq* DNA 聚合酶的发现对于 PCR 的应用有里程碑式的意义，该酶可以耐受 90℃以上的高温而不失活，不需要每个循环加酶，这使 PCR 技术变得非常简捷，同时也大大降低了成本，使 PCR 技术得以大量应用，并逐步应用于临床。PCR 技术的基本原理类似于 DNA 的天然复制过程，其特异性依赖于与靶序列两端互补的寡核苷酸引物。PCR 由变性—退火—延伸 3 个基本反应步骤构成：

①模板 DNA 的变性。模板 DNA 经加热至 93℃左右一定时间后,使模板 DNA 双链或经 PCR 扩增形成的双链 DNA 解离,使之成为单链,以便它与引物结合,为下轮反应作准备。②模板 DNA 与引物的退火(复性)。模板 DNA 经加热变性成单链后,温度降至 55℃左右,引物与模板 DNA 单链的互补序列配对结合。③引物的延伸。DNA 模板-引物结合物在 72℃、DNA 聚合酶(如 *Taq* DNA 聚合酶)的作用下,以 dNTP 为反应原料,以靶序列为模板,按碱基互补配对与半保留复制原理,合成一条新的与模板 DNA 链互补的半保留复制链,重复循环变性—退火—延伸 3 过程就可获得更多的"半保留复制链",而且这种新链又可成为下次循环的模板。每完成 1 个循环需 2~4min,2~3h 就能将待扩目的基因扩增放大几百万倍。

一、实验目的和要求

(1)理解并掌握 PCR 扩增技术的原理。
(2)初步掌握 PCR 扩增反应体系及程序的优化。

二、实验用品

1. 实验材料

核桃植物新鲜叶片。

2. 药品与试剂

CTAB 提取缓冲液[2%CTAB,2.0mol/L NaCl,2% PVP,0.1mol/L EDTA(pH 8.0),25mmol/L EDTA (pH 8.0),2% β-巯基乙醇(使用前加入)],氯仿,异戊醇,DNase I,LiCl,异丙醇,无水乙醇,10×扩增缓冲液,引物,dNTP,溴化乙锭,溴酚蓝,蔗糖,甘油,琼脂糖,SB 缓冲液,DNA ladder。

模板 DNA,*Taq* DNA 聚合酶,Mg^{2+}(终浓度),牛血清蛋白(bovine serum albumin,BSA)。*Taq* DNA 聚合酶反应缓冲液[100mmol/L Tris-HCl,pH 8.8,15mmol/L $MgCl_2$,500mmol/L KCl,0.01%(*W/V*) gelatin.]购于 Stratagene 公司(La Jolla, California, USA),*Taq* DNA 聚合酶、dNTP 和牛血清蛋白购于 Promega 公司(Madison, Wisconsin, USA)。

3. 实验器具

PCR 仪,离心机,凝胶电泳仪,Bio-Rad 凝胶成像仪,移液枪,电泳槽,梳子,烧杯,量筒,手套。

RNA 提取过程中使用的枪头、枪头盒、离心管等塑料器皿应使用 0.1% DEPC 水浸泡 4h 后高压蒸汽灭菌,烘干;研钵用氯仿润洗消毒;实验中所用的提取液及各种液态试剂都用 0.1% DEPC 水配制,37℃放置过夜以抑制 RNase 活性;研钵、药匙及玻璃器皿应用铝箔纸包好后于烘箱中 180℃干热灭菌 6~8h。

三、实验内容和方法

（一）PCR 引物设计

PCR 反应中有两条引物，即 5′端引物和 3′端引物。设计引物时以一条 DNA 单链为基准（常以信息链为基准），5′端引物与位于待扩增片段 5′端上的一小段 DNA 序列相同；3′端引物与位于待扩增片段 3′端的一小段 DNA 序列互补。引物设计的基本原则：①引物长度。15~25bp，常用为 20bp 左右。②引物碱基。G+C 含量以 45%~55%为宜，G+C 太少扩增效果不佳，G+C 过多易出现非特异条带。A、T、G、C 最好随机分布，避免 5 个以上的嘌呤或嘧啶核苷酸的成串排列。③引物内部不应出现互补序列。④两个引物之间不应存在互补序列，尤其是避免 3′端的互补重叠。⑤引物与非特异扩增区的序列的同源性不要超过 70%，引物 3′端连续 8 个碱基在待扩增区以外不能有完全互补序列，否则易导致非特异性扩增。⑥引物 3′端的碱基，特别是最末及倒数第二个碱基，应严格要求配对，最佳选择是 G 和 C。⑦引物的 5′端可以修饰，如附加限制酶位点，引入突变位点，用生物素、荧光物质、地高辛标记，加入其他短序列，包括起始密码子、终止密码子等。引物设计软件：Primer Premier 5.0、vOligo 6（引物评价）、Primer 3（http://primer3.ut.ee/）。引物由 Integrated DNA Technologies（IDT）公司合成（San Diego, California, USA）。共有 12 对微卫星引物应用于此次试验，用 3 种不同荧光标记于一端引物序列。

（二）模板的制备

PCR 的模板可以是基因组 DNA，也可以是 RNA。具体 DNA 提取方法见实验三十九、RNA 提取方法见实验四十。

（三）反应体系的控制与优化

（1）反应体系的控制：①PCR 反应的缓冲液，提供了合适的酸碱度与某些相关离子 PCR 反应条件控制。②镁离子浓度总量应比 dNTP 的浓度高，常用 1.5mmol/L。③底物浓度 dNTP 以等物质的量浓度配制，20~200μmol/L。④Taq DNA 聚合酶 2.5U（100μL）。⑤引物浓度一般为 0.1~0.5μmol/L。

（2）反应温度和循环次数：变性温度和时间为 95℃，30s；退火温度为低于引物 T_m 值 5℃左右，$T_m=4(G+C)+2(A+T)$，一般在 45~60℃；延伸温度为 72℃，延伸时间随扩增 DNA 片段长度不同而不同，通常按 1~2kb/min 估算；循环次数一般为 25~30 次。循环次数决定 PCR 扩增的产量。模板初始浓度低，可增加循环数以便达到有效的扩增量。但循环数并不是可以无限增加的。一般循环数为 30 次左右，循环数超过 30 次以后，DNA 聚合酶活性逐渐达到饱和，产物的量不再随循环数的增加而增加，出现了所谓的"平台期"。PCR 扩增程序为：94℃变性 5min；93℃变性 30s，55℃退火 30s，72℃延伸 45s，35 次循环；72℃后延伸 10min，置 4℃保存。3 对引物同时应用于一个 SSR-PCR 的反应体系实验是在单对引物 SSR-PCR 优化好的基础上进行。

（3）PCR 扩增体系优化：PCR 反应体系为 10μL，其中 dNTP 0.2mmol/L、BSA 0.5mg/mL、Taq DNA 聚合酶 0.3U、引物浓度为 0.8μmol/L、Mg^{2+} 浓度为 1.5mmol/L、DNA 模板质量浓度为 5ng/L。在进行优化实验时，当一种反应成分进行浓度（用量）梯度变化实验时，其他反应成分的浓度（用量）不变，通过比较不同处理对 SSR-PCR 扩增结果的影响进行分析。PCR 反应成分的处理因素和水平设置见表 41-1。

表 41-1　PCR 反应体系的处理因素和水平设置

因素 factor	水平 level
Mg^{2+} 浓度 concentration of Mg^{2+}/（mmol/L）	0.5，1.5，2.0，2.5
dNTP 浓度 concentration of dNTP/（mmol/L）	0.1，0.25，0.4，0.5
牛血清白蛋白浓度 concentration of BSA/（mg/mL）	0.05，0.10，0.15，0.20
DNA 模板浓度 concentration of template DNA/（ng/μL）	5，10，15，20
Taq DNA 聚合酶用量 amount of Taq DNA polymerase/（U）	0.2，0.3，0.5，1.0
1 对引物浓度 concentration of one pair primers/（μmol/L）	0.2，0.3，0.5，1.0
3 对引物浓度 concentration of three pair primers/（μmol/L）	0.2，0.3，0.5，1.0
退火温度 annealing temperature/℃	48，50，53，55
变性温度时间 denaturation time/s	15，30，45，60
退火温度时间 annealing time	30，45，60，90
延伸温度时间 extension time/s	15，30，45，60
循环次数 cycles（No.）	28，30，32，35

资料来源：赵鹏等，2012a。

（4）每个 PCR 产物（4μL）和 0.5μL 上样液染料［40%（W/V）蔗糖，15% ddH_2O 和 30%甘油］混合点样，采用 1×SB 缓冲液制成 2.5%的凝胶琼脂糖电泳胶，加荧光嵌入染料溴化乙锭（ethidium bromide，EB）染色到电泳胶中，然后设置 90W 恒功率电泳，约 1.5h，溴酚蓝指示剂跑至接近胶底部时，终止电泳。用凝胶成像仪（75312 Bad Wildbad，Germany）检测 PCR 扩增产物，DNA 片段大小标准检测用 100bp ladder，购于 Promega 公司（Madison，Wisconsin，USA）。

四、课堂作业

（1）据 PCR 扩增原理和操作技术，成功扩增一批 PCR 产物，对其利用琼脂糖凝胶电泳进行检测，将图片粘贴到实验报告中。

（2）对实验中 PCR 扩增体系进行优化，写出 Mg^{2+} 浓度、BSA 浓度、dNTP 浓度、DNA 模板浓度、*Taq* DNA 聚合酶浓度及引物浓度对 SSR-PCR 反应体系的影响。

五、思考题

（1）单对引物浓度对 SSR-PCR 反应体系有何影响？
（2）3 对引物浓度对 SSR-PCR 反应体系有何影响？

实验四十二

植物分子标记及应用

分子标记（molecular marker）是遗传标记（genetic marker）的一种，是在基因水平上的标记，直接在 DNA 分子上检测遗传变异，用作指示基因组范围变化的多态性标记。分子标记能对不同发育时期的个体、任何组织器官甚至细胞作检测，数量极多，遍及整个基因组，多态性高，遗传稳定，不受环境及基因表达与否的限制，正是因为这些优点，分子标记的应用越来越广泛。它包括 RFLP、RAPD、AFLP、SSR 等。长期以来，植物学研究中选择都是基于表型性状、形态学、结构等方面进行的，当性状的遗传基础较为简单或即使较为复杂但表现加性基因遗传效应时，表型选择是有效的。但物种的许多重要表型性状为数量性状，如产量等；或多基因控制的质量性状，如抗性等；或表型难以准确鉴定的性状，如根系活力等。此时根据表型提供的对性状遗传潜力的度量是不确切的，因而选择是低效的。分子生物学技术的发展为植物科学研究提供了一种基于 DNA 变异的新型遗传标记——DNA 分子标记，或简称分子标记。与传统应用的常规遗传标记相比，分子标记具有许多明显的优点，因而已被广泛应用于现代植物研究的各个方面，大量以前无法进行的研究目前利用分子标记手段正蓬勃开展，并取得了丰硕的成果。尤其是当分子标记技术与传统形态结构紧密结合后，正在为植物科学技术带来一场新的变革。分子标记大多以电泳谱带的形式表现，大致可分为 3 大类：第一类是以分子杂交为核心的分子标记技术，包括限制性片段长度多态性（restriction fragment length polymorphism，RFLP）标记、DNA 指纹（DNA fingerprinting）技术、原位杂交（*in situ* hybridization）等；第二类是以聚合酶链反应（polymerase chain reaction，PCR）反应为核心的分子标记技术，包括随机扩增多态性 DNA（random amplification polymorphism DNA，RAPD）标记、简单序列重复（simple sequence repeat，SSR）标记或简单序列长度多态性（simple sequence length polymorphism，SSLP）标记、扩增片段长度多态性（amplified fragment length polymorphism，AFLP）标记、序标位（sequence tagged sites，STS）标记、序列特征化扩增区域（sequence charactered amplified region，SCAR）标记等；第三类是一些新型的分子标记，如单核苷酸多态性（single nucleotide polymorphism，SNP）标记、表达序列标签（expressed sequences tags，EST）标记等。以下将介绍其中最常用的一些标记技术。

一、实验目的和要求

（1）了解生物学研究中常见的分子标记的原理、操作方法。

（2）通过实验掌握植物同工酶实验技术，了解植物同工酶分析在遗传学研究中的意义，掌握过氧化物酶的提取，电泳与染色技术和分析方法。

（3）了解常见的分子标记在植物科学研究中的应用。

二、实验用品

1. 实验材料

各种植物叶片材料、黄豆和蚕豆。

2. 药品与试剂

盐酸、三羟甲基氨基甲烷（Tris）、四甲基乙二胺（TEMED）、丙烯酰胺（Acr）、甲叉双丙烯酰胺（Bir）、甘氨酸、过硫酸铵、蔗糖、溴化乙锭、溴酚蓝、乙酸联苯胺溶液、过氧化氢、琼脂糖、引物、氯化镁（$MgCl_2$）、dNTP、*Taq* DNA 聚合酶、PCR Buffer 溶液、硅胶、甲酰胺、SB 缓冲液、DNA ladder、冰醋酸、硝酸银（$AgNO_3$）、甲醛、硫代硫酸钠（$Na_2S_2O_3$）、双蒸水（ddH_2O）。

3. 实验器具

PCR 仪、移液枪、离心管、PCR 扩增管、电泳仪、梳子、硝酸纤维素膜、尼龙膜、Bio-Rad 凝胶成像仪、垂直电泳槽、微量加样器、移液枪头、研钵、移液管、离心机。

三、实验内容和方法

（一）同工酶标记

1. 基本原理

广义同工酶是指生物体内催化相同反应而分子结构不同的酶。存在于同一种属或不同种属，同一个体的不同组织或同一组织、同一细胞，具有不同分子形式但却能催化相同的化学反应的一组酶，称为同工酶（isoenzyme）。同工酶的基因先转录成同工酶的信使核糖核酸（mRNA），后者再翻译产生同工酶的肽链，不同的肽链可以不聚合的单体形式存在，也可聚合成纯聚体或杂交体，从而形成同一种酶的不同结构形式（图 42-1A）。

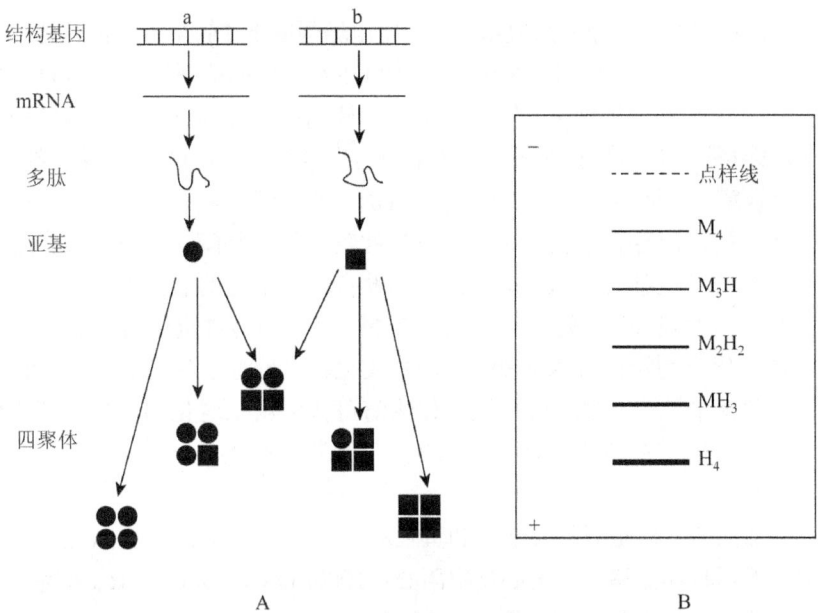

图 42-1 乳酸脱氢酶形成及电泳图谱
A. 乳酸脱氢酶的形成过程；B. 乳酸脱氢酶电泳图谱

同工酶分离方法主要有电泳法、层析法、酶学法和免疫学法等，其中以电泳法应用最为广泛。其原理在于同工酶是功能相同但结构不同的一组酶，由于其结构中氨基酸序列或组成存在差异，从而使同工酶在电泳过程中，其迁移率也存在差异。乳酸脱氢酶（LDH）是研究的最多的同工酶。生物学功能：遗传的标志；和个体发育及组织分化密切相关；适应不同组织或不同细胞器在代谢上的不同需要，用电泳方法将 LDH 同工酶分离，分析其酶谱，发现脊椎动物各组织中有 5 条酶带。每条酶带的酶蛋白都是由 4 条肽链组成的四聚体，LDH 有两类肽链，A（M）或 B（H），各有不同的免疫性质，按排列组合可形成符合于电泳酶带数的 5 种同工酶。LDH1 及 LDH5 分别由纯粹的 4 条 B 链（B4）和 4 条 A 链（A4）形成，称为纯聚体；而 LDH2、LDH3 和 LDH4 都是由两类肽链杂交而成的，分别可写成 AB3、A2B2、A3B，称为杂交体（图 42-1B）。

带电颗粒子在电场作用下，向着与其电荷相反的电极方向移动的现象，称为电泳（electrophoresis，EP）。利用带电粒子在电场中移动速度不同而达到分离的技术称为电泳技术。常用的电泳有两种：聚丙烯酰胺凝胶电泳（PAGE）及琼脂糖凝胶电泳，其中聚丙烯酰胺凝胶电泳为垂直电场，琼脂糖凝胶电泳为水平电场。琼脂糖或聚丙烯酰胺凝胶电泳是分离、鉴定和纯化 DNA 片段的标准方法。琼脂糖凝胶电泳分子置于电场中以一定速度（迁移率）移向适当电极。迁移率同电场强度、电泳分子所携带的静电荷数成正比，还与介质的摩擦系数相关。一定电场强度下 DNA 分子的迁移率取决于核酸分子本身的大小和构型。琼脂糖凝胶分辨 DNA 片段的范围为 0.2~50kb；聚丙烯酰胺凝胶分辨力为 1~1000bp。浓度越高，孔隙越小，分辨能力越强。凝胶电泳中，加入溴化乙锭（简称 EB）染料对核酸分子染色之后，将电泳标本放置在紫外线下观察，便可以十分敏感且方便地检测出凝胶介质中 DNA 的谱带位置。

过氧化物酶广泛存在于植物体中，是活性较高的一种酶。它与呼吸作用、光合作用及生长素的氧化都有关系。在植物生长发育过程中它的活性不断发生变化。一般老化组织中活性较高，幼嫩组织中活性较弱。这是因为过氧化物酶能使组织中所含的某些碳水化合物转化成木质素，增加木质化程度，而且发现早衰减产的水稻根系中过氧化物酶的活性增加，因此过氧化物酶可作为组织老化的一种生理指标。此外，过氧化物同工酶在遗传育种中的重要作用也正在受到重视。

2.实验步骤

（1）提取酶液：取蚕豆幼芽 2 个和黄豆幼芽 3 个分别置于研钵中，加入 1mL 水研磨匀浆，然后将样品移至小离心管中离心（1000r/min）15min，取上清液，备用。

（2）聚丙烯酰胺凝胶系统的配制（16mL）：

A 液：1mol/L 盐酸 48.0mL，Tris 36.0g，TEMED 0.23mL 加水至 100mL，pH 8.3。B 液：丙烯酰胺 30.0g，甲叉双丙烯酰胺 0.8g 加水至 100mL。C 液：过硫酸铵（用前配制）1.4%。配胶，A：B：C：H_2O=1：2：0.4：4.6（体积比），配胶后立即灌进装胶室，插上梳子。

（3）电极缓冲液配制：Tris 3.0g，甘氨酸 14.4g 加水至 1000mL，pH 8.8，使用时稀释 10 倍。

（4）染色液配制（过氧化物酶染液）：乙酸联苯胺溶液 5mL，3% H_2O_2 2mL，H_2O 93mL。

（5）加样和电泳：向各加样孔中滴加 24μL 的样品酶粗提液。加 1 小微滴 1% 溴酚蓝，在电压 120V 下进行电泳分离，根据指示剂位置确定电泳时间。电泳结束后，关掉电源，取出玻璃板，用刀片或薄板轻轻将玻璃夹层分开（图 42-2）。

（6）染色：将完整的胶块置于染色器皿中，加入染色液，浸泡整块凝胶，室温下染色 20~30min，呈现酶带后取出胶块，用水漂洗以终止染色。

（7）对带型清楚的胶应做摄影记录或做扫描测定，胶晾干后做永久保存。

（8）根据迁移率 R 值绘制同工酶酶谱及聚类分析。①计算酶谱的相似性系数：$c=2w/(a+b)$。其中，c 表示同工酶谱的相似系数，a 为种 A 酶谱的酶带数，b 为种 B 酶谱的酶带数，w 为 A、B 两种的相同酶带数。②计算不相似性系数值：$d=L-c$。③采用未加权配群法，即 UPGMA 法，进行聚类分析，根据结果绘出树系图。④计算 X_i 值：$X_i=(L+Da-Db)/2L$。把不相似值总计最大的种酶谱定为 a，在 X 轴上标记为 0，X_i 为所求种酶沿 X 轴对种 A 酶谱的距离；L 为种 A 的 a 与 B 的 b 之间的不相似值，

Da 为种 A 的 a 与所求种酶之间的不相似值；Db 为种 B 的 b 与所求种酶之间的不相似值。经过计算得到各酶谱在 X 坐标轴上的排序，通过在轴上距离的远近，可以推测各分类群之间的亲缘关系（薛俊杰等，2000；Cherreau et al.，1999；邹春静等，2003）。

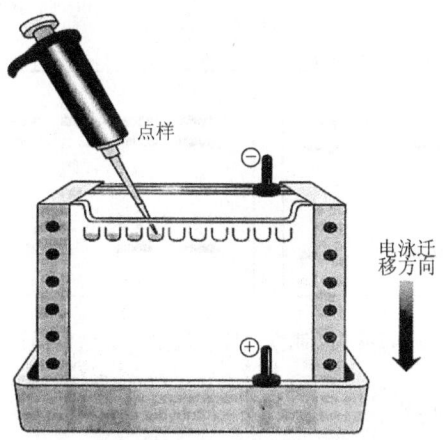

图 42-2　同工酶电泳加样图

（二）限制性片段长度多态性标记

1. 基本原理

限制性片段长度多态性标记是以分子杂交为核心的分子标记技术，该技术由 Grodzicker 等于 1974 年创立。特定生物类型的基因组 DNA 经某一种限制性内切酶完全酶解后，会产生分子质量不同的同源等位片段，或称限制性等位片段。RFLP 标记技术的基本原理就是通过电泳的方法分离和检测这些片段。凡是可以引起酶解位点变异的突变，如点突变（新产生和去除酶切位点）和一段 DNA 的重组（如插入和缺失造成酶切位点间的长度发生变化）等均可导致限制性等位片段的变化，从而产生 RFLP（图 42-3）。该分子标记是不依赖于 PCR 扩增的一种分子生物学研究技术。RFLP 分子标记不仅具有稳定遗传、高度共显性和多态性等特性，而且还能对不同的植物类群进行直接的差异分析比较（图 42-4）。

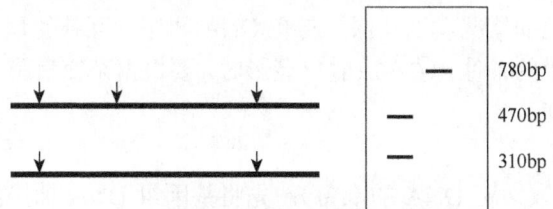

图 42-3　限制性片段长度多态性标记原理

图中箭头表示限制性酶切位点

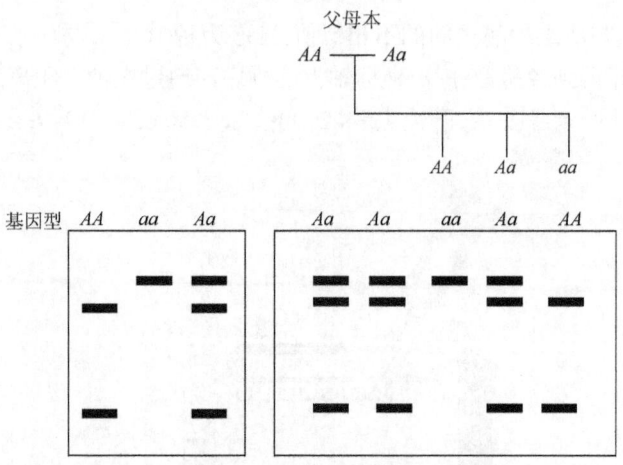

图 42-4　限制性片段长度多态性遗传标记

RFLP 标记的主要特点：①遍布于整个基因组，数量几乎是无限的；②无表型效应，不受发育阶段及器官特异性限制；③共显性，可区分纯合子和杂合子；④结果稳定、可靠；⑤DNA 需要量大，检测技术繁杂，难以用于大规模的育种实践。

RFLP 标记的优点：①标记数目可以是无限的。RFLP 揭示的是 DNA 水平自然变异，其数目几乎是无限的。②大部分标记为共显性：表现 RFLP 的位点一般是单一序列，每个位点通常有两个等位基因（其显性）。遵循孟德尔式遗传，因而 RFLP 标记图也可用传统的遗传图谱方法来构建。③任何发育期都可预测，不受环境影响。DNA 分子水平标记没有发育阶段或器官的特异性，不受环境条件及基因互作的影响。④高度变异性。每一植株都会有大量的多态性。通常只要有一次有性杂交，一个作图群体就能构建一个较丰富的 RFLP 图谱。

在做 RFLP 分析技术时，有几个问题需要引起密切注意：①作为检测对象的 DNA 分子必须保持大分子，在抽提 DNA 的过程中避免人为地将 DNA 分子机械性切割成小片段，否则最终显示的 RFLP 图谱可能是一种假象。②在用限制性内切酶消化大分子 DNA 时，要使 DNA 被完全消化，否则所得的结果也不可靠。③被消化的 DNA 浓度不能太高。④电泳时要用低压电泳。⑤杂交前探针必须充分变性。⑥要根据探针标记的情况，以及探针与靶 DNA 间序列互补的程度和 G、C 的含量来掌握杂交和洗膜的条件。⑦作放射自显影时，要根据杂交后膜上的放射活性等因素决定曝光的时间。

2. 实验步骤：

（1）DNA 提取（靶 DNA 的准备）：先将基因组 DNA 抽提出来，选用合适的限制性内切核酸酶酶解基因组 DNA，将酶解出来的具有各种长度的 DNA 片段在琼脂糖凝胶电泳分离，使其按片段的长短排列，将 DNA 片段变性后转移至硝酸纤维素膜或尼龙膜上，称印迹（Southern blot）转移，并在80℃烘烤或用长波紫外线照射，将DNA固定在膜上。

（2）核酸探针的标记：将准备作为探针的DNA片段纯化（这些DNA片段可以是基因组DNA的一个片段，或是cDNA，或是人工合成的寡核苷酸），用放射性元素（如α-^{32}P）或非放射性元素（如Dig-dUTP等）标记，经纯化后再用。探针的获得是最先用内切酶处理植物的DNA获得DNA片段，再将其重组到质粒上，使它能插入细菌寄主细胞并在里面进行复制，通过稀释繁殖，每个菌落一般由携带某一段DNA的细菌繁殖而来，这种在细菌细胞中扩增、纯化DNA片段的过程称为DNA克隆。这一系列的克隆经放射性同位素标记就成了一系列的探针。

（3）杂交显示：将标记好的探针与硝酸纤维素膜或尼龙膜上的单链核酸杂交，洗膜去除未杂交的标记探针后，进行放射自显影或加入酶的底物进行显色反应，再对显示出来的谱带进行分析。

（三）随机扩增多态DNA标记

1. 基本原理

随机扩增多态DNA标记由Williams等于1990年创立。其基本原理与PCR技术一致。PCR技术是一种体外快速扩增特异基因或DNA序列的方法，由Mullis等于1985年首创。该技术在试管中建立反应体系，经数小时后，就能将极微量的目的基因或某一特定的DNA片段扩增数百万倍。其原理与细胞内发生的DNA复制过程相类似，首先是双链DNA分子在邻近沸点的温度下加热时分离成两条单链DNA分子，然后DNA聚合酶以单链DNA为模板，并利用反应混合物中的4种脱氧核苷三磷酸（dNTP）合成新生的DNA互补链，以上过程为一个循环，每一个循环的产物可以作为下一个循环的模板，经过20~30个循环后，介于两个引物间的特异DNA片段以几何数级得以大量复制。RAPD标记技术就是用一个（有时用两个）随机引物（一般8~10个碱基）非定点地扩增基因组DNA，然后用凝胶电泳分开扩增片段。遗传材料的基因组DNA如果在特定引物结合区域发生DNA片段插入、缺失或碱基突变，就有可能导致引物结合位点的分布发生相应的变化，导致PCR产物增加、缺少或发生分子质量变化。若PCR产物增加或缺少，则产生RAPD标记。随机扩增多态性DNA分子标记，简称RAPD标记，常常呈共显性遗传。应用RAPD技术进行品种纯度鉴定，方法简单、快捷、可靠，不需要任何前期DNA模板信息。对于任一特定的RAPD引物，即随机引物在模板的两条链上有互补的位置，且引物的3′端相距在一定的长度范围之内，就可以扩增出来DNA片段。通过对PCR产物的检测分析即可以测出基因组在这些区域的多态性（图42-5）。

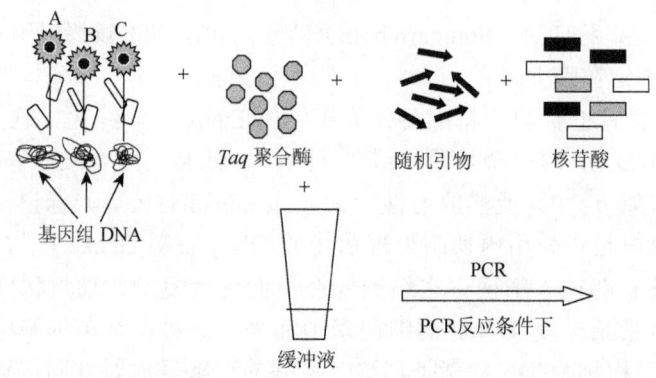

图 42-5 随机扩增多态 DNA 标记技术原理

图中 A、B、C 表示基因片断。模板 DNA、*Taq* 聚合酶、核苷酸（AMP、GMP、CMP、UMP）及缓冲液共同混合，在一定 PCR 反应条件下产生 PCR 扩增片段

RAPD 标记的主要特点：①不需 DNA 探针，设计引物也无需知道序列信息。②技术简便，检测速度快；不涉及分子杂交和放射性自显影等技术。③DNA 样品需要量少，引物价格便宜，成本较低。④不依赖于种属特异性和基因组结构，一套引物可用于不同生物基因组分析。

RAPD 标记缺点：①RAPD 标记是一个显性标记，不能鉴别杂合子和纯合子。②存在共迁移问题，凝胶电泳只能分开不同长度 DNA 片段，而不能分开那些长度相同但碱基序列组成不同的 DNA 片段。③RAPD 标记技术中影响因素很多，因此实验的稳定性和重复性差，结果可靠性较低。

2. 实验步骤

（1）选择 16 株植物新鲜叶片样品，通过 40 条随机引物的 RAPD-PCR 实验，筛选出理想的随机引物（表 42-1）。

表 42-1 用于 RAPD 分子标记实验的 20 对引物序列信息

名称	序列 5′—3′	名称	序列 5′—3′	名称	序列 5′—3′	名称	序列 5′—3′
A01	CAGGCCCTTC	A11	CAATCGCCGT	D01	ACCGCGAAGG	D11	AGCGCCATTG
A02	TGCCGAGCTG	A12	TCGGCGATAG	D02	GGACCCAACC	D12	CACCGTATCC
A03	AGTCAGCCAC	A13	CAGCACCCAC	D03	GTCGCCGTCA	D13	GGGGTGACGA
A04	AATCGGGCTG	A14	TCTGTGCTGG	D04	TCTGGTGAGG	D14	CTTCCCCAAG
A05	AGGGGTCTTG	A15	TTCCGAACCC	D05	TGAGCGGACA	D15	CATCCGTGCT
A06	GGTCCCTGAC	A16	AGCCAGCGAA	D06	ACCTGAACGG	D16	AGGGCGTAAG
A07	GAAACGGGTG	A17	GACCGCTTGT	D07	TTGGCACGGG	D17	TTTCCCACGG
A08	GTGACGTAGG	A18	AGGTGACCGT	D08	GTGTGCCCCA	D18	GAGAGCCAAC
A09	GGGTAACGCC	A19	CAAACGTCGG	D09	CTCTGGAGAC	D19	CTGGGGACTT
A10	GTGATCGCAG	A20	GTTGCGATCC	D10	GGTCTACACC	D20	ACCCGGTCAC

资料来源：赵鹏等，2012b。

（2）对 16 株叶片进行基因组 DNA 提取（参见实验三十九）。

（3）在 20μL 的反应体系中加入以下物质：模板 DNA 2μL，随机引物 1μmol/L，10×PCR Buffer 2.0μL，$MgCl_2$ 2.5mmol/L，dNTP（dATP、dCTP、dGTP、dTTP）各 0.25mmol/L，*Taq* 聚合酶 0.5U。混匀稍离心（引物见表 42-1）。

（4）在加热至 90℃以上的 PCR 仪中 95℃预变性 3min，然后循环：94℃，40s；36℃，1min，72℃，2min，共 30 个循环。

（5）循环结束后，72℃，10min 进行延伸，4℃保存。

（6）取 PCR 产物 5μL 加 1μL 上样缓冲液（6×）于 2%琼脂糖凝胶上电泳，稳压 100V。

（7）电泳结束，观察、拍照（图 42-6）。

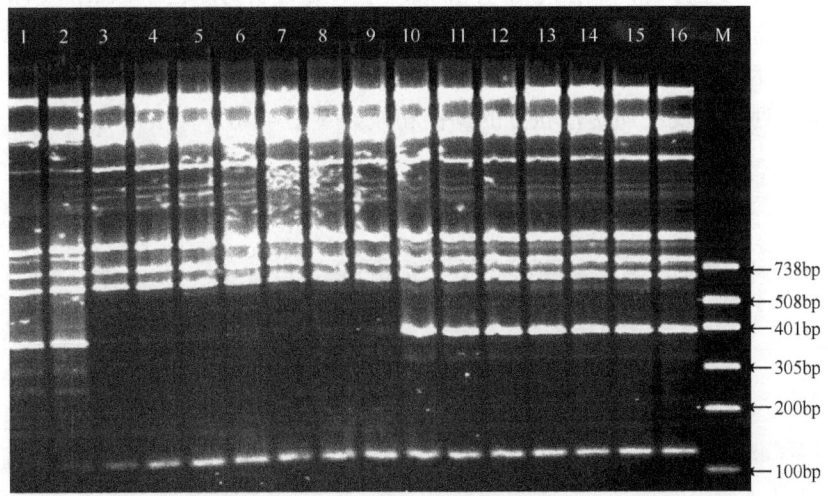

图 42-6　随机扩增多态 DNA PCR 扩增琼脂糖凝胶电泳图（引自赵鹏等，2012b）

（8）根据 RAPD 扩增结果计算：遗传相似性系数 $S=2N_{XY}/(N_X+N_Y)$，N_{XY} 为种间共有的扩增带，N_X 为 X 种具有的扩增带，N_Y 为 Y 种具有的扩增带；遗传距离（D）：$D=1-S$。

（四）简单序列重复标记

1. 基本原理

简单序列重复标记也称微卫星（microsatellite）分子遗传标记，指存在一真核生物基因组中由短的重复单元（一般为 1～6 个碱基）组成的 DNA 串联重复序列，是具有高度多态性、共显性和重复性的遗传标记。例如，微卫星$(GA)_n$ 或$(TC)_n$ 重复，不同等位基因的 n 值不同（图 42-7）。SSR 标记往往代表了种内、种间高层次的多态性，尤其是当重复次数达到 10 或更高的时候。SSR 标记操作简单，仅需微量组织即可进行遗传相关性的分析鉴定，SSR 标记技术已经成为植物群体遗传学研究中的一种被广泛应用的工具。同时，SSR 标记也被广泛应用于群体遗传结构研究、遗传多样性研究、基因组图谱研究、指纹谱图和亲子鉴定分析、基因流研究。

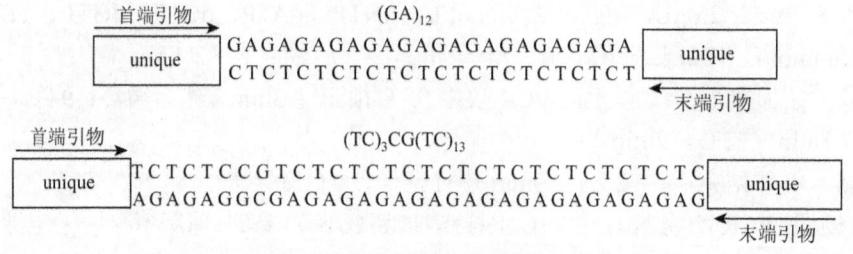

图 42-7　简单重复序列

SSR 分子标记原理：根据两端序列的保守性，设计引物；进行 PCR，电泳分离，染色显带以检测、分析微卫星序列多态性；并确定基因排布序列及表型，最终达到成功鉴定的目的。简而言之，就是通过对样本 DNA 多态性的分析，从而来得到样本 DNA 序列，以及在遗传性状上的调控和差异（图 42-8）。

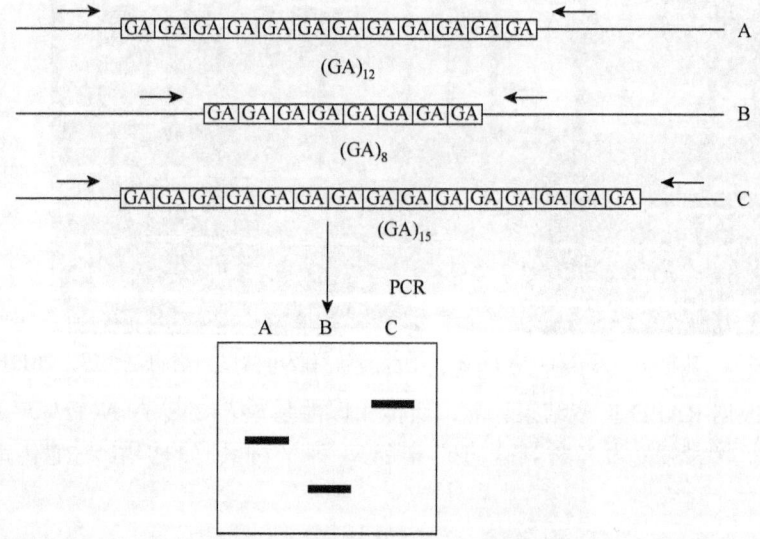

图 42-8　简单重复序列 PCR 扩增原理

2. 实验方法与步骤

1）准备植物材料

实验中用的叶片材料为秦岭山脉中收获自 50 棵健康植物野核桃（*Juglans cathayensis*），采集当年生鲜嫩叶片 2 或 3 片，硅胶干燥后运回实验室备用。

2）DNA 的提取与分离

DNA 的提取与分离是在 Doyle 和 Poyle 等提出的 CTAB 法（Doyle and Poyle, 1987）的基础上进行了改良。详细的核桃基因组 DNA 提取方法描述见实验三十九。

3）SSR 引物对筛选

实验采用的引物来自于黑核桃（*J. nigra*）微卫星基因文库，详细描述见几篇已经发表的关于核桃微卫星实验的文献（Woeste et al., 2002; Dangel et al., 2005; Victory et al., 2006）（表 42-2）。共收集了 12 个 SSR 引物（AAG001、WGA06、WGA24、WGA27、WGA32、WGA69、WGA72、WGA76、WGA82、WGA89、WGA90 和 WGA97），正向引物（5′—3′）分别用 NED、HEX 或 6-FAM 荧光标记末端，根据 3 种荧光标记的颜色分成 4 组，以便进行多重 PCR 反应（表 42-2）。SSR 分子标记的重复和再生性在前面的基因型测定实验中已经证实了。SSR-PCR 扩增和 12 对引物由 Integrated DNA Technologies（IDT）公司合成（San Diego, California, USA）。共 12 对微卫星引物应用于本实验，并且用荧光标记于一端引物序列（表 42-2）。*Taq* DNA 聚合酶反应缓冲液[100mmol/L Tris-HCl, pH 8.8, 15mmol/L $MgCl_2$, 500mmol/L KCl 和 0.01%（*W/V*）gelatin]购于 Stratagene 公司（La Jolla, California, USA），*Taq* DNA 聚合酶、dNTP 和牛血清蛋白（BSA）购于 Promega 公司（Madison, Wisconsin, USA）。PCR 反应体系 10μL，其中 dNTP 0.2mmol/L，BSA 0.5mg/mL，*Taq* DNA 聚合酶 0.3U，引物浓度为 0.8μmol/L，Mg^{2+} 浓度为 1.5mmol/L，DNA 模板质量浓度为 5ng/L。当一种反应成分进行浓度（用量）梯度变化实验时，其他反应成分浓度不变，分析比较不同处理对 SSR-PCR 扩增结果的影响。PCR 反应成分的处理因素和水平设计见表 41-1。PCR 扩增程序为：94℃变性 5min；93℃变性 30s，55℃退火 30s，72℃延伸 45s，35 个循环；72℃后延伸 10min，置 4℃保存。3 对引物同时应用于一个 SSR-PCR 的反应体系实验是在单对引物 SSR-PCR 优化好的基础上进行的。

表 42-2 用于 SSR 标记实验的 12 对引物序列信息

位点	重复序列	片段长度[d]/bp	等位基因大小/bp	GeneBank 号[e]	退火温度[f]	序列（5′-3′）
WGA06[a]	$(AG)_5AA(AG)_{19}AT(AG)_3$	157	134～172	AY333949	53.5	F: CCATGAAACTTCATGCGTTG
						R: CATCCCAAGCGAAGGTTG
WGA32[a]	$(TC)_3CG(TC)_{19}$	176	163～217	AY333952	53.5	F: CTCGGTAAGCCACACCAATT
						R: ACGGGCAGTGTATGCATGTA
WGA72[a]	$(AG)_6AA(AG)_6(G)_{12}$	151	135～159	AY333954	53.5	F: AAACCACCTAAAACCCTGCA
						R: ACCCATCCATGATCTTCCAA
AAG001[c]	$(CTT)_9$	160	148～172	649924	50	F: GCTTTTFATCAATCGCCCAA
						R: ACCCATTTTGTAGCTTGGA
WGA76[c]	$(GA)_{12}$	236	224～254	636615	50	F: AGGGCACTCCCTTATGAGGT
						R: CAGTCTCATTCCCTTTTTCC

续表

位点	重复序列	片段长度[d]/bp	等位基因大小/bp	GeneBank号[e]	退火温度[f]	序列（5'-3'）
WGA82[a]	$(CT)_{20}$	175	140～234	AY333956	50	F：TGCCGACACTCCTCACTTC
						R：CGTGATGTACGACGGCTG
WGA89[b]	$(TG)_9(GA)_{21}$	215	179～233	AY352440	50	F：ACCCATCTTTCACGTGTGT
						R：TGCCTAATTAGCAATTTCCA
WGA90[b]	$(CT)_4T(TC)_{14}$	157	142～178	AY352441	50	F：CTTGTAATCGCCCTCTGCTC
						R：TACCTGCAACCCGTTACACA
WGA24[a]	$(T)_8N_{29}(CT)_{17}N_{24}(CT)_5$	242	222～248	AY333950	50	F：TCCCCCTGAAATCTTCTCCT
						R：TTCTCGTGGTGCTTGTTGAG
WGA27[a]	$(GT)_3TT(GA)_{29}$	242	199～245	AY333951	50	F：AACCCTACAACGCCTTGATG
						R：TGCTCAGGCTCCACTTCC
WGA69[a]	$(AG)_4N_6(AG)_{17}$	182	164～188	AY333953	50	F：TTAGTTAGCAAACCCACCCG
						R：AGATGCACAGACCAACCCTC
WGA97[b]	$(GA)_{26}$	180	149～189	AY353442	50	F：GGAGAGGAAAGGAATCCAAA
						R：TTGACCAAAAGGCCGTTTTC

a 表示这些基因位点引自 Woeste et al., 2002；b 表示这些基因位点引自 Robichaoud et al., 2006；c 表示基因位点"AAG 001"和"WGA 76"未公开发表；d 表示克隆和测序的等位基因期望值长度范围；e 表示该引物序列在美国国家生物信息中心（National Center for Biotechnology Information, NCBI）中基因文库的编号；f 表示不同引物的最佳退火温度（℃）。

4）PCR 产物的检测

取 4μL PCR 产物，与 0.5μL 染液 [40%（W/V）蔗糖，15% ddH$_2$O 和 30%甘油] 混合点样，电泳采用 1×SB 缓冲液制成的 2.5%琼脂糖凝胶，凝胶中加入荧光嵌入染料溴化乙锭（ethidium bromide, EB），在 90W 恒功率电泳约 1.5h，待溴酚蓝指示剂跑至接近凝胶底部时，终止电泳（图 42-9）。用凝胶成像仪（75312 Bad Wildbad, Germany）检测 PCR 产物，DNA 片段大小标准用 100bp ladder（购于 Promega 公司, Madison，Wisconsin，USA）。

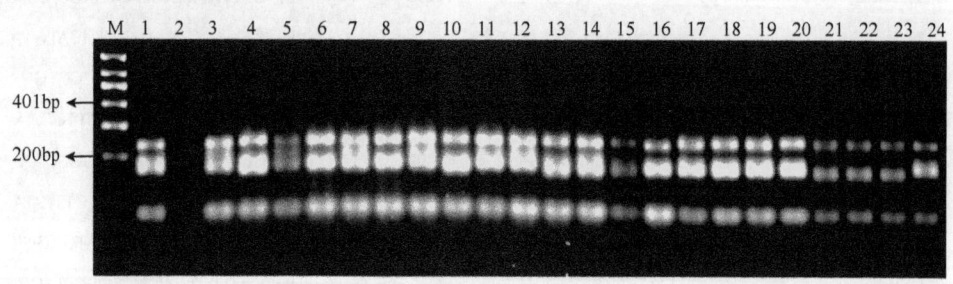

图 42-9 3 对微卫星标记引物（AAG001，WGA76，WGA82）在 SSR-PCR 优化条件下的扩增结果（赵鹏等，2012a）

5）PCR 产物的测定

PCR 扩增后，样品以 1∶10 的比例在水中稀释，1μL 稀释后的 PCR 产物加入 13.4μL 甲酰胺（Invirogen，Carlbad，CA）和 0.6μL Rox 荧光标记分子量内标的试剂。将这 15μL 混合的产物和试剂放入 PCR 仪器里，在 95℃下加热 5min 后，立即放到冰上冷却 3min，送至专业实验室进行测序分析（如果不进行这一步实验，也可以直接到下一步）。

6）扩增产物电泳分离

一般用聚丙烯酰胺凝胶电泳或者特殊的琼脂糖凝胶检测扩增产物。

7）染色

（1）银染。①银染液的配制：固定液，100mL 冰醋酸加水稀释至 1000mL；染色液，2g AgNO$_3$、1.5mL 37%甲醛，加水稀释至 1000mL；显色液，30g Na$_2$CO$_3$、1.5mL 37%甲醛、0.2mLNa$_2$S$_2$O$_3$，加水稀释至 1000mL；终止液，10%冰醋酸。②银染法操作：固定 30min→去离子水洗涤 5～10min→染色 30min→去离子水洗涤 2 次（每次不超过 30s）→显色至所要程度→终止显影→照相（图 42-10）。

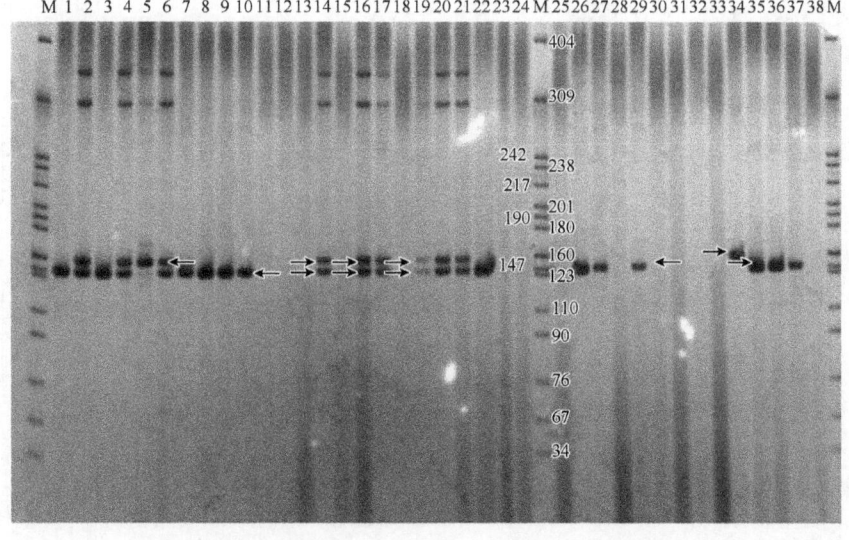

图 42-10 基于转录组学测序技术的 SSR 标记 JC3412 引物的聚丙烯酰胺凝胶电泳图
图中各电泳条带旁数据单位为 bp

（2）溴化乙锭染色。将 EB 贮液（10mg/mL）用双蒸水稀释至 0.5μg/mL，EB 染色操作：将电泳后的凝胶放入染色液中 30min，染色后的凝胶放入蒸馏水中清洗 5min，再将凝胶放入紫外凝胶成像仪观测结果。

8）数据分析

对 SSR 标记分析得出的数据结果进行整理、统计。对于基因型数据分析，

SSR-PCR 产物用 ABI 373 遗传测序分析仪进行分析。在每 96 个 PCR 反应的平板上设置了两个正面的和一个负面的对照，以确保 PCR 产物测序后用软件分析等位基因大小值得评测。根据四色荧光技术原理得到测序（等位基因）数据（图 42-11），然后，用生物软件 Genemapper 3.7（Applied Biosystem，Foster City，CA）对群体每个样品的 SSR 基因位点进行分析得出等位基因的大小值。平均值用 Excel（Microsoft Office，2007）和统计软件 SAS 9.1（SAS Institute，Cary，NC）进行统计分析。生物软件 CERVUS（Kalinowski et al.，2006）和软件 Kingroup（Konovalov et al.，2004）用于估算和分析群体遗传参数标准和鉴定分析亲缘关系。3 种方法用来进行家系分析和家谱鉴定，具体描述见 Miño 等 2009 年发表的相关文章（Miño et al.，2009）。父系分析的排斥原则为候选父本或者可疑的父本在所有基因位点上有 3 个等位基因确定与子代植株不匹配的现象。同时在所测定的 12 个微卫星基因位点中至少 3 个等位基因大小不同，以此来避免错误的排除或者无效等位基因（null alleles）的存在。

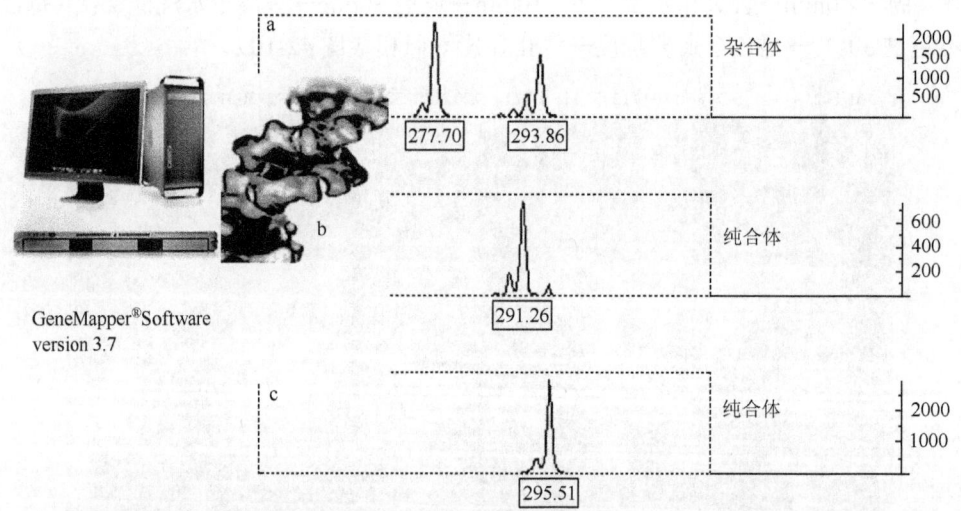

图 42-11　GeneMapper 软件对每个样品进行等位基因大小值的评测

a 表示等位基因片段大小为 277.70bp 和 293.86bp（杂合体）；b 表示等位基因片段大小为 291.26bp 和 291.26bp（纯合体）；c 表示等位基因片段大小为 295.51bp 和 295.51bp（纯合体），纵轴数据表示等位基因片段毛细管电泳检测峰值大小

（五）扩增片段长度多态性标记

1. 概述

扩增片段长度多态性标记是 1995 年荷兰科学家 Zbaeau 和 Vos 发展起来的一种检测 DNA 多态性的新方法。

AFLP 标记技术的具体过程为：①DNA 提取和质量检测；②双酶切和酶切片段连接；③酶切连接片段的预扩增；④选择性扩增；⑤PCR 产物变性后在聚丙烯酰胺

变性凝胶上电泳；⑥将电泳后的凝胶进行银染显影并拍照保存。

AFLP 技术的特点：AFLP 结合了 RFLP 和 RAPD 的优点，主要表现在以下几点。①AFLP 标记理论上可以无限多，可覆盖整个基因组，不需要预知 DNA 序列信息，呈典型的孟德尔方式遗传。②AFLP 技术能高效地检测出 DNA 的多态性，几乎每对 AFLP 引物都可以扩增出具有多态性的片段，一般一次检测可获得 50～100 个 AFLP 扩增带。③DNA 用量少，且对模板浓度变化不敏感。④可靠性好，分辨率和重复性高。⑤引物通用性强。

2. 操作程序

（1）基因组 DNA 的酶切；人工接头的连接。

（2）AFLP 反应：①AFLP 反应混合物的制备；②预扩增反应；③选择性扩增反应。

（3）聚丙烯酰胺凝胶电泳分析：①5%变性胶的制备；②胶板的准备及灌胶；③样品的制备；④上样；⑤电泳；⑥银染。

四、课堂作业

（1）绘出样品同工酶谱，并说明酶谱差异。

（2）将同工酶分离实验中酶带条数、宽度、着色深浅和移动距离填入下表（表 42-3）。计算酶带的相对迁移率，Rf=某酶带迁移距离/溴酚蓝指示剂迁移距离。

表 42-3　同工酶分离实验中酶带条数、宽度、着色深浅及移动距离统计表

胶柱样品	可见酶带数	由近及远记录酶带迁移距离	宽度	着色深浅	相对迁移率（主要酶带）	是否有特异酶带
1						
2						
3						
4						
5						

（3）如何利用 RFLP 分子标记进行植物亲缘关系鉴定和遗传分析？
（4）利用 RAPD 分子标记进行 16 个植物样品材料的分子聚类分析。
（5）说出 SSR 分子标记在植物科学研究中的应用，在操作过程中需要注意哪些事项？

五、思考题

（1）实验中几种分子标记有什么不同点和相同点？
（2）如何利用上述分子标记进行不同植物叶片材料的区分？
（3）随着分子生物学的发展，我们如何能利用这些分子标记更好地进行植物科学方面的研究。

实验四十三

植物遗传多样性检测

遗传多样性是生物在长期进化过程中形成的历史产物,是生物多样性的重要组成部分。一个物种遗传多样性的大小决定了该物种对环境变化的适应能力和进化潜力。对物种遗传多样性的研究可以揭示物种或种群的进化历史,也能为进一步分析其进化潜力和未来命运提供重要科学依据,尤其有助于物种稀有或濒危机制的探讨。近年来,各种分子标记已经被快速应用于植物遗传多样性的研究,包括限制性片段长度多态性(RFLP)、简单重复序列区间多态性(ISSR)、扩增片段长度多态性(AFLP)和简单序列重复多态性(SSR)等。其中,SSR 分子标记以其数量丰富、可靠性高、重复性好和共显性遗传等特点,已被广泛应用于植物遗传多样性、系统发育、种质鉴定、遗传图谱构建和基因定位等方面。

一、实验目的和要求

(1)掌握 SSR 标记技术检测植物遗传多样性的原理和技术。
(2)掌握聚丙烯酰胺凝胶电泳(PAGE)技术的原理和步骤。
(3)了解植物种群遗传多样性的数据处理和分析方法。

二、实验用品

1. 实验材料

党参[*Codonopsis pilosula*(Fr.)Nannf] 3 个群体植物的幼嫩叶片,置于变色硅胶中干燥保存。

2. 药品与试剂

PCR 扩增试剂 dNTP、*Taq* DNA 聚合酶、引物等购自生工生物工程(上海)有限公司,其他化学试剂为进口或国产分析纯试剂。

3. 实验器具

台式高速冷冻离心机、9700 PCR 扩增仪、离心管、各种型号的移液枪、水平电泳仪、垂直电泳仪、凝胶成像仪、微波炉、高压灭菌锅、冰箱。

三、实验内容和方法

SSR 标记技术主要包括 DNA 提取、PCR 扩增、电泳检测、结果统计，以及数据分析等步骤。

（一）植物基因组 DNA 的提取及检测

植物基因组DNA的提取及检测参见实验三十九。

（二）SSR 反应

1. 引物选取

本实验引物是根据美国国立生物技术信息中心（NCBI）公布的序列设计，由上海 Sangon 公司合成。对党参的每个种群选取 3 个样品，选择 8 个扩增良好、具有多态性的引物进行 SSR-PCR 反应。

2. PCR 体系

总体系 20μL，包括 10×PCR Buffer 2.0μL，每种 dNTP 3mmol/L，模板 DNA 50ng，1 单位（U）*Taq* DNA 聚合酶，正、反引物各 1.0μL，无菌水 16.4μL。PCR 程序为：94℃预变性 4min，35 个循环包括 94℃变性 30s，50～56℃（每个引物的退火温度不同，根据具体情况设定）退火 30s，72℃延伸 40s，最后 72℃终延伸 4min。反应完成后，用 1%的琼脂糖凝胶电泳检测 PCR 产物。

3. 聚丙烯酰胺凝胶电泳

1）电泳程序

（1）灌胶：将清洁干净的大、小玻璃板组装到制胶架上，注意玻璃板要安装正确，玻璃板底部保持在一个平面上，防止灌胶时漏液。用 1mL 移液器向两玻璃板之间小心加入配制好的凝胶液至胶板上部，小心插入梳子，防止气泡的产生，凝聚 0.5h 左右。

（2）电泳：从制胶架上取下凝好的胶，在自来水下面冲掉外面多余的残渣，将其正确安装到垂直电泳仪上，取适量 1×TBE（由 10×TBE 稀释）加入正负极槽中，小心拔出梳子，注意不要使胶孔变形，用 1mL 移液器吹打胶孔，清除里面的杂质，每个加样孔加入 9μL 经变性的 DNA 样，每块胶留一孔加 8μL 50bp Ladder Marker（3μL 的原液+5μL 的 3×Loading Buffer），18mA 电泳 40～60min，待溴酚蓝刚好至玻璃板下沿，若目的片段较大可将溴酚蓝跑出玻璃板。

2）银染

（1）固定：小心分开两块玻璃板，将凝胶置于 14cm 培养皿中，加入适量 25%

乙醇，摇床固定 5min 左右，此时胶已完全脱离玻璃板。

（2）水洗：将凝胶置于适量蒸馏水中，摇床漂洗 1min。

（3）氧化：将凝胶置于适量 1% HNO_3 中，摇床漂洗 4~6min，蒸馏水冲洗 2~3 次。

（4）染色：将凝胶置于适量新配 2‰ $AgNO_3$ 溶液中，染色 20~30min，用蒸馏水冲洗一次。

（5）显影：加入 100mL 新配的显色液中，轻轻摇荡至条带完全出现。

[显色液：3g 碳酸钠（Na_2CO_3）加水至 100mL，再向其中分别加入 200μL 的甲醛和 10μL 硫代硫酸钠（$Na_2S_2O_3$，16mg/mL）]。

（6）定影：将显出条带的凝胶置于适量 10%乙酸中，轻轻摇晃 1min 左右，用自来水冲洗掉残余乙酸，保存，拍照，进行条带分析。

4. 数据处理

通过 UVI Photo MV 软件对电泳条带进行分析，得出 8 对引物在各居群之间存在明显的 DNA 长度多态性，再利用 GENEPOP version 3.4 对明显具有多态性的引物条带进行分析。具体计算：等位基因数（Aa）；期望杂合度（He）；观测杂合度（Ho）；观测等位基因数（Na）；有效等位基因数（Ne）；多态位点信息含量（PIC）；香农信息指数（I）和基因分化系数（F_{ST}）等。再利用 NtsysPC 2.10 进行 UPGMA 聚类分析。

四、思考题

（1）SSR 标记的原理是什么？

（2）由 SSR 标记的党参系统发育树能反映出什么问题？

实验四十四
植物基因组测序原理与应用

1990 年人类基因组计划（Human Genome Project，HGP）开启了基因组（DNA 序列）测序的大门。近年来，植物全基因组测序工程揭示了许多重要植物物种的遗传图谱，这些数据也为从基因水平深入研究植物提供了可靠的保证和基础。第一个被测序的模式植物为拟南芥，现在杨树、葡萄、高粱、玉米、黄瓜、大豆、蓖麻、苹果、白菜、土豆、西瓜、小麦等 70 余种植物基因组相关报道陆续发表。植物基因组测序方法主要包括传统的一代测序（Sanger 法）和二代测序（next generation sequencing）及三代测序。

一、实验目的和要求

（1）掌握一代测序和二代测序的原理。
（2）了解植物基因组测序的应用。

二、实验用品

1. 实验材料

拟南芥或野核桃新鲜叶片。

2. 实验试剂

CTAB 提取缓冲液[2% CTAB，2.0mol/L NaCl，2% PVP，0.1mol/L EDTA（pH 8.0），25mmol/L EDTA（pH 8.0），2% β-巯基乙醇（使用前加入）]，氯仿，异戊醇，DNase Ⅰ，LiCl，异丙醇，乙酸钠，无水乙醇，10×扩增缓冲液，引物，dNTP，模板 DNA，*Taq* DNA 聚合酶，$MgCl_2$，牛血清蛋白（bovine serum albumin，BSA）。*Taq* DNA 聚合酶反应缓冲液[100mmol/L Tris-HCl，pH 8.8，15mmol/L $MgCl_2$，500mmol/L KCl，0.01%（*W/V*）gelatin]购于 Stratagene 公司（La Jolla，California，

USA)，*Taq* DNA 聚合酶购于 Promega 公司（Madison，Wisconsin，USA）。溴化乙锭（ethidium bromide，EB）、溴酚蓝、琼脂糖、甲酰胺（Invirogen，Carlbad，CA）、Rox 荧光标记分子量内标试剂、PCR 纯化试剂盒、片段化缓冲液。

3. 实验用具

枪头、枪头盒、离心管等塑料器皿、高压灭菌锅、水浴锅、微波炉、冰箱、组织破碎仪、PCR 仪、凝胶电泳仪、台式高速离心机、凝胶电泳成像仪、研钵、药匙及玻璃器皿、铝箔纸、ABI 测序仪、Illumina 测序仪。

三、实验内容和方法

（一）Sanger 法测序

Sanger 法，也称为双脱氧链终止法（chain termination method），在目前植物分子生物学研究中，DNA 序列分析主要采用这种方法，也是对基因组序列进一步研究和改造的基础。Sanger 法是通过核苷酸在某一固定的点开始，随机在某一个特定的碱基处终止，并且在每个碱基后面进行荧光标记，产生以 A、T、C、G 结束的 4 组不同长度的一系列核苷酸，然后在尿素变性的聚丙烯酰胺凝胶（PAGE）上电泳进行检测，从而获得可见的 DNA 碱基序列（图 44-1）。

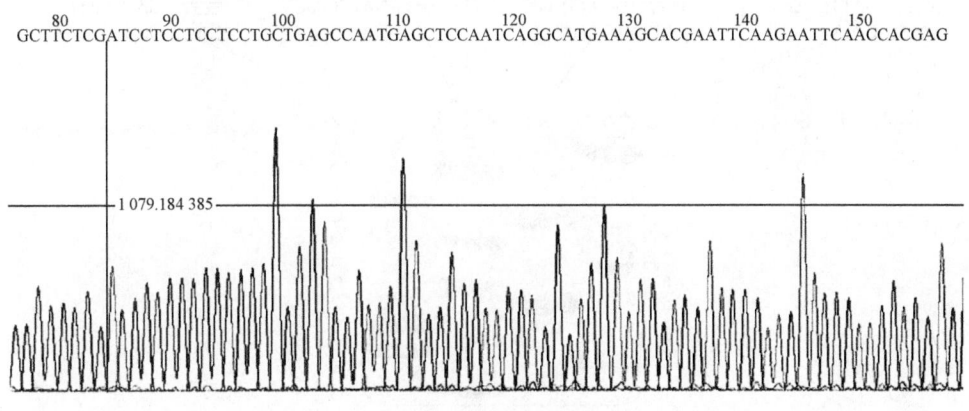

图 44-1 测序结果峰图

峰图表示 Sanger 测序的 4 种碱基（A、T、G、C）峰值，碱基上面的数字表示序列长度值，如 "80" 表示 "80bp"，横线中数字 "1 078.184 385" 代表确切的峰值

Sanger 法测序原理：每个反应含有所有 4 种脱氧核苷酸三磷酸(dNTP)，即 dATP、dGTP、dTTP、dCTP 使之扩增，并混入限量的 1 种不同的双脱氧核苷三磷酸(ddNTP)，由 DNA 聚合酶来延伸结合在待定序列模板上的引物，使引物延伸并与单链 DNA 模板杂交，合成出新的互补 DNA 链，直到掺入 1 种链终止核苷酸为止。由于 ddNTP

缺乏延伸所需要的 3′-OH（羟基）基团，使延长的寡聚核苷酸选择性地在 A、G、T 或 C 处终止。每一种 dNTP 和 ddNTP 的相对浓度可以调整，使反应得到一组长几百至几千碱基的链终止产物。Sanger 法测序具有共同的起始点，但终止在不同的核苷酸上，可通过高分辨率变性凝胶电泳分离大小不同的片段，凝胶处理后可用经变性聚丙烯酰胺凝胶电泳分离制得的 X 线胶片放射自显影或非同位素标记进行检测。放射性自显影区带图谱将为新合成的不同长度的 DNA 链中 C 的分布提供准确信息，从而将全部 C 的位置确定下来。类似的方法，在 ddATP、ddGTP 和 ddTTP 存在的条件下，可同时制得分别以 ddA、ddG 和 ddT 残基为 3′端结尾的 3 组长短不一的片段。因此将制得的 4 组混合物平行地点加在聚丙烯酰胺凝胶（PAGE）电泳板上进行电泳，每组制品中的各个组分将按其链长的不同得到分离，制得相应的放射性自显影图谱。从所得图谱即可直接读得 DNA 的碱基序列（图 44-2）。

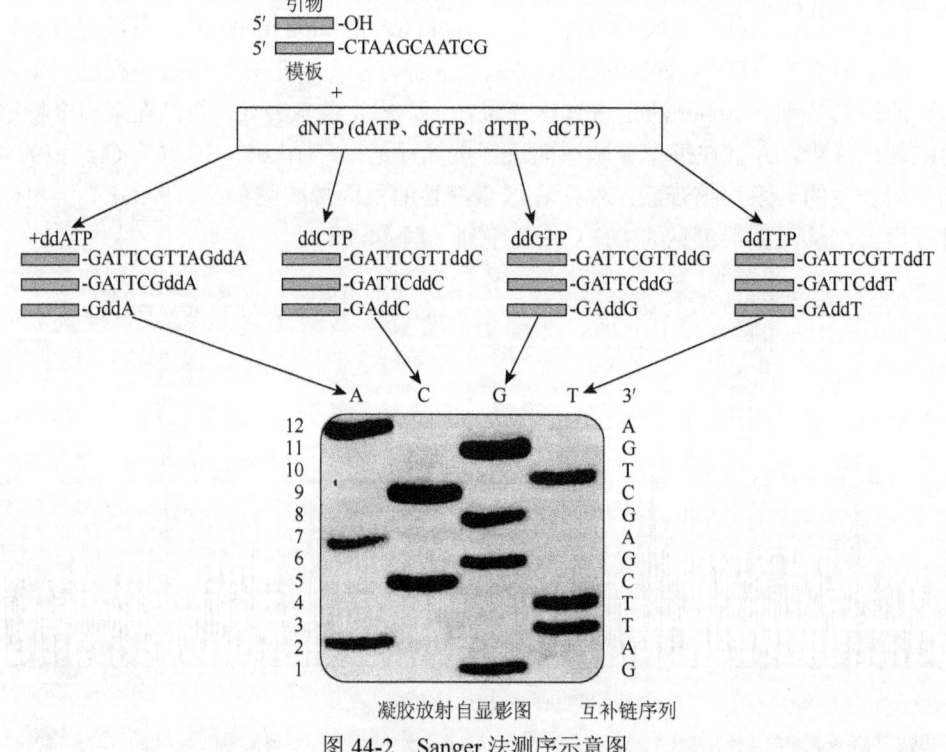

图 44-2 Sanger 法测序示意图

Sanger 法测序主要有以下几步。

（1）Sanger 法测序引物设计。首先进行与模板互补 DNA 链的引物设计，从前人研究结果或文献中找到需要 PCR 扩增的引物序列直接设计，或者也可以从已知序列利用 Primer 软件进行设计（详细方法见实验四十一）。

（2）模板 DNA 的制备。Sanger 法测序反应需要单链模板 DNA，因此，需要进行植物基因组 DNA 的提取工作，具体 DNA 提取方法见实验三十九。

（3）PCR 扩增。PCR 扩增体系为：PCR 反应体系为 10μL，其中 dNTP 0.2mmol/L、BSA 0.5mg/mL、TaqDNA 聚合酶 0.3U、引物浓度为 0.8μmol/L、Mg^{2+} 浓度为 1.5mmol/L，模板 DNA 质量浓度为 5ng/L。PCR 扩增程序为：94℃变性 5min；93℃变性 30s，55℃退火 30s，72℃延伸 45s，35 个循环；72℃后延伸 10min，置 4℃保存。具体的 PCR 反应体系的控制与优化详细方法见实验四十一。

（4）PCR 扩增产物检测。取 4μL PCR 产物，与 0.5μL 染液混合点样，电泳采用 1×SB 缓冲液制成的 2.5%琼脂糖凝胶，凝胶中加入荧光嵌入染料溴化乙锭（ethidium bromide，EB），在 90W 恒功率电泳约 1.5h，待溴酚蓝指示剂跑至接近凝胶底部时，终止电泳。用凝胶成像仪（75312 Bad Wildbad，Germany）检测 PCR 产物，DNA 片段大小标准用 100bp Marker（购于 Promega 公司，Madison，Wisconsin，USA）。

（5）PCR 产物的测序。PCR 扩增后，样品以 1∶10 的比例在水中稀释，1μL 稀释后的 PCR 产物加入 13.4μL 甲酰胺（Invirogen，Carlbad，CA）和 0.6μL Rox 荧光标记分子量内标的试剂。将这 15μL 混合的产物和试剂放入 PCR 仪器里，在 95℃下加热 5min 后，立即放到冰上冷却 3min，然后利用 ABI 测序仪进行测序分析，通过单碱基分辨率用电泳准确区分 DNA 片段长度和序列（图 44-1，图 44-2）。

（二）植物基因组二代测序

第二代测序技术（next generation sequencing，NGS）的革命正在进行，2004~2015 年，由于测序仪器的通量每年都会加倍，而平均到每个碱基的测序费用每年都会减半，新的核酸测序技术标准显然没有正式确立。二代测序技术通常具有几个特点，即高通量数据、短序列读长和低于 Sanger 法测序的准确度。目前普遍公认的二代测序技术指的是在单次生物化学反应中同时检测来自数千（或者数百万）模板 DNA 上碱基序列的测序技术。二代测序技术仪器主要有罗氏 454（454 生命科学公司），Illumina 基因组分析仪（Illumina 公司），ABI SOLID（Applied Biosystems Inc.，ABI，现在是 Life Technologies Inc.的子公司）及 Ion Torrent（Life Technologies Inc.)，这些测序仪器的内部工作原理属于工程学范畴，厂家拥有测序仪器生成序列数据的信息学方法专利，因此，这里以 Illumina 测序平台为例介绍目前常用的几种用于植物二代测序的方法与应用。

1. 基因组 de novo 测序

基因组 de novo 测序也叫做基因组从头测序，是指不依赖于任何已知基因组序列信息对某个物种的基因组进行测序，然后应用生物信息学手段对测序序列进行拼接和组装，最终获得该物种基因组序列图谱。从基因组水平上对物种的生长、发育、进化、起源等重大问题进行研究，将加深对物种的认识，在新基因的发现、物种改良等方面发挥巨大作用。采用传统的 Sanger 法测定高等动植物的全基因组需要花费大量的人力和物力资源,这极大限制了全基因组测序的发展。第二代高通量测序技术的成熟和广泛应用,大大降低了基因组测序的成本,缩短了测序时间,让更多实验室可以独立开展植物基因组测序项目,具体方法(图 44-3)可参见北京诺禾致源生物信息科技有限公司(http://www.novogene.cn)、北京百迈客生物科技有限公司(http://www.biomarker.com.cn)、华大基因(http://www.genomics.cn)、上海美吉生物医药科技有限公司(http://www.majorbio.com)等的相关介绍。

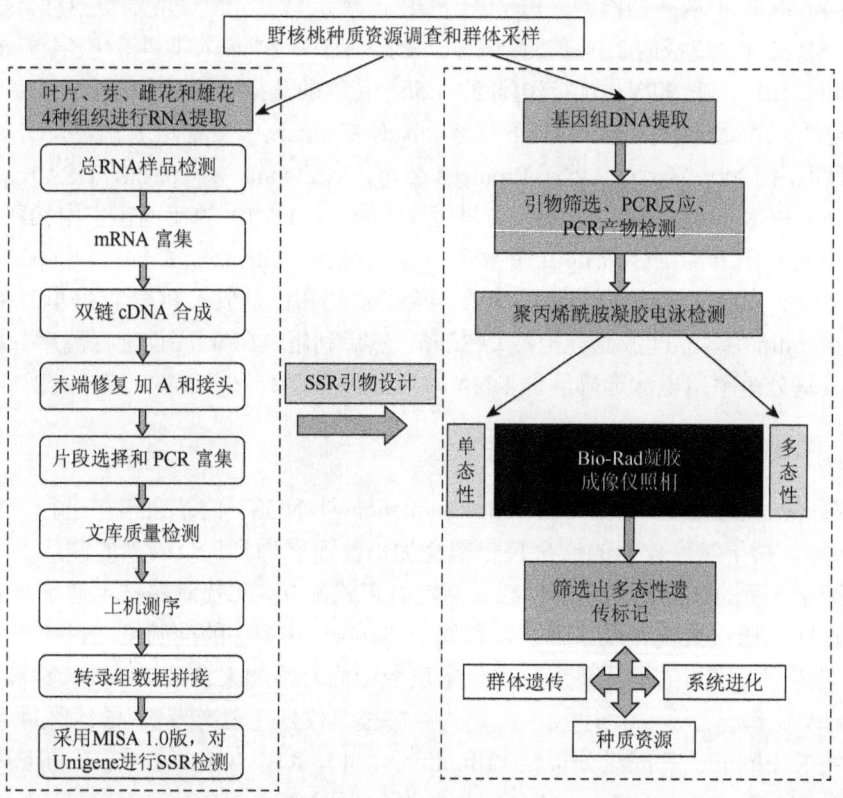

图 44-3 基于二代测序技术的野核桃 SSR 遗传标记开发路线图

基因组 de novo 测序主要步骤如下。

1) 野外调查采样

在前期大量查阅《中国植物志》和相关研究文献资料对胡桃属野核桃天然分布产地记录的基础上,设计合理的野外采样路线对胡桃属植物野核桃进行种群遗传学采样。共采集野核桃 3~5 个居群,每个居群采集 5~10 棵树木的新鲜叶片,居群内个体与个体之间间隔 50~100m。详细记录每个种群采样中心的经纬度、海拔、生境,以及可能的气候等资料。将新鲜叶片用硅胶快速干燥,带回实验室保存(这部分实验需要进行前期准备)。

2）RNA 提取，建库测序

通过提取胡桃科胡桃属植物野核桃的叶片、芽、雌花和雄花各组织 RNA（方法见实验四十），并对提取 RNA 样品进行检测，用磁珠从合格的待测序样品中对 mRNA 进行富集，将 RNA 随机打断（加入片段化缓冲液将富集的打断成短片段），然后利用随机引物和反转录酶从 RNA 片段合成 cDNA 片段；利用 PCR 纯化试剂盒对合成的双链进行纯化后，进行末端修复、加尾、接测序接头；再进行 cDNA 片段末端修复，加 A 尾、连接测序接头，将合成好的双链通过琼脂糖凝胶电泳回收法筛选出适宜长度范围的双链 cDNA，制备测序文库并进行检测，检测合格后进行 Illumina 测序平台测序。

3）测序结果组装、注释

使用短 reads 组装软件进行序列的从头组装，将具有一定长度序列重叠区的 reads 首尾相连组成更长的序列片段，这些通过序列重叠关系组装成的片段被称为 transcripts；将 reads 比对回 transcripts，通过双末端 reads 确定来自同一转录本的不同 transcripts，以及这些 transcripts 之间的距离；利用软件将这些 transcripts 连在一起，获得两端不能再延伸的序列，这些序列被称为 Unigene。利用 NR（Non-Redundant）、GO（Gene Ontology）、Swis-Sprot、COG（Cluster of Orthologous Groups of Proteins）和 KEGG（Kyoto Encyclopedia of Genes and Gemomes）等数据对 Unigene 进行基因注释。随后利用软件 MISA（1.0 版，默认参数；对各个 unit size 的最少重复次数分别为 1~10）对 Unigene 进行 SSR 检测，对不同 SSR 类型在基因转录本的密度分布进行统计。使用 Primer Premier 5 设计出 50 对表达序列标签简单重复序列（EST-SSR）引物，建立适用于野核桃的 SSR 分析体系。并用设计的 SSR 引物对天然群体野核桃 3 个居群共 60 个样进行初步的应用性试验，即利用 PCR 技术进行扩增，然后用高浓度琼脂糖凝胶电泳或变性聚丙烯酰胺凝胶电泳进行分析，最终确定 10~20 对多态性高、PCR 扩增效果好的 SSR 遗传标记。

4）DNA 提取、引物设计、PCR 反应、PCR 产物检测和测序

DNA 的提取与分离参照实验三十九。实验采用的引物源于上述步骤中筛选的 SSR 引物。DNA 检测：琼脂糖凝胶电泳检测，用含有 5mg/mL 溴化乙锭的 1.0%琼脂糖凝胶电泳检测 DNA 质量。扩增体系 10μL，其中，2×Master Mix，5μL；正向和反向引物各 0.4μL（1.0μmol/L）；BSA 为 1.0μL；H_2O 为 2μL；模板 DNA 为 1.2μL。PCR 扩增程序为：94℃预变性 3min；94℃变性 15s；55℃退火 1min；72℃延伸 1.5min；循环 35 次；循环完后 72℃延伸 10min；10℃保存。产物扩增和检测：用聚丙烯酰胺凝胶电泳技术和显微凝胶成像仪系统检测 SSR-PCR 产物（图 44-3）。

应用第二代高通量测序技术，构建 200bp、500bp、2kb、6kb、10kb、20kb 等不同大小的 DNA 测序文库，进行双末端（paired-end）海量测序，以避免基因组中重复序列造成的错拼。当测序数据量达到基因组大小的 60 倍以上时，即

可保证基因组的完整性和序列中单碱基的准确性。测序技术的优点是单序列读长可以达到 500bp，结合 20kb 的双末端测序数据，可为基因组组装提供高质量的框架。Illumina 测序技术的优点是测序数据量大，可为基因组组装提供高覆盖率的数据。根据物种基因组的复杂度，特别是重复区域的大小和数量等信息，科学制备不同梯度的测序文库，合理使用不同的高通量测序技术，能够高效经济地完成高等动植物的基因组图谱绘制（图 44-4）。

（1）基因组拼装统计：提供基因组拼装的基本信息，包括原始数据统计、测序覆盖率统计、Contig N50 大小、Scaffold N50 大小、基因组 GC 含量等信息。

（2）基因组注释：包括基因预测、基因功能注释（与 NR、Swissprot、Interpro 等数据库进行同源比对）、重复序列分析及非编码 RNA 注释等。

（3）基因功能分类：COG 分类、GO 分类、KEGG 通路分析等。

（4）比较基因组学及进化分析：通过比较相近物种的基因组数据，从基因功能、基因组骨架结构、分子进化等方面对目标基因组进行分析。

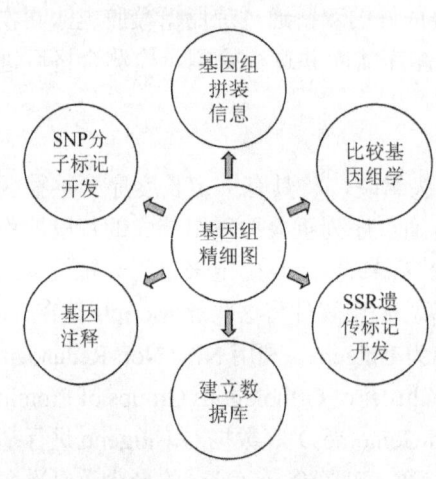

图 44-4　植物基因组 de novo 测序数据分析

（5）分子标记的开发：主要包括简单序列重复标记（SSR）与单核苷酸多态性（SNP）分子标记的开发。

（6）建立数据库：建立符合国际标准且具有良好兼容性的基因组数据库，实现基因组数据的查询与共享。

2. 简化基因组测序

简化基因组方法是一种利用酶切技术、序列捕获芯片技术或其他实验手段降低物种基因组复杂程度，进而研究基因组各类遗传结构性变异的技术手段。目前常见的简化基因组技术包括 RAD（restriction site associated DNA）和 GBS（genotyping by sequencing）。这些技术都可以在极短的时间内开发出成千上万的 SNP 标记，而分子标记是开展遗传作图、关联分析、群体遗传分析及生态多样性分析等的基础，因此利用简化基因组技术开展科研工作是当前第二代测序技术的一种热门应用（表 44-1）。简化基因组测序适用样本：GBS 比较适合重复序列高的物种，酶切片段大小为 300～1000bp，酶切后不打断直接建库。RAD 方法常用于动物基因组，酶切后的片段长度为十几碱基对至几百碱基对，打断后跑胶回收特定长度的片段用于建库。

表 44-1　简化基因组 RAD 与 GBS 比较

比较内容	RAD	GBS
DNA 起始量	2μg	300ng
混池数目	4/8/16/24	96 或 96 的倍数
片段大小选择方法	随机打断选择片段大小	PCR 扩增选择片段大小
测序量	根据基因组大小而定	200Mb/1Gb 样本
SNP	较多	略少
成本	低	更低

GBS 具体实验方法介绍如下。

（1）基因组 DNA 提取：具体方法参见实验三十九。样品提取要求：①DNA 样品。浓度≥30ng/μL，总量≥500μg，OD（光密度）值应为 1.8～2.0，样品浓度越高越好。②植物样品。自然生长的植物组织材料或者为黑暗无菌条件下培养的黄化苗或组培样品，最好为纯合或单倍体。

（2）限制性内切酶酶切：利用限制性内切酶对基因组 DNA 进行酶切，加上接头，然后对每个样品进行 PCR 扩增，扩增后将对样品进行混合，选择需要的片段进行文库构建。

（3）二代测序：进行 Cluster 制备，利用 Illumina 高通量测序平台进行上机测序。

（4）数据分析：对于测序结构进行 SNP 检测、注释及统计，然后进行一系列分析，如群体遗传多样性分析（见实验四十三）、群体进化分析（见实验四十五）、遗传变异检测、遗传图谱构建等。具体细节和方法也可参见北京诺禾致源生物信息科技有限公司、北京百迈客生物科技有限公司、华大基因、上海美吉生物医药科技有限公司等二代测序公司相关介绍。

简化基因组测序应用范围：植物遗传变异检测、分子标记的开发、植物遗传图谱的构建（包括单倍型图谱、精细遗传图谱、关联性图谱和多态性图谱）、植物群体亲缘关系分析、植物群体遗传分析、植物分子育种及种植资源鉴定等方面的应用。

四、思考题

（1）比较一代测序和二代测序两种方法的区别。

（2）植物科学研究领域中基因组测序的应用有哪些？

实验四十五
植物分子系统进化树的构建

植物分子系统进化分析主要是利用携带植物遗传信息的生物大分子序列（比如 DNA 序列），采用特定的数理统计算法来构建植物物种间的系统进化关系，并用一种树状分支图的形式来概括生物间的这种亲缘关系，即系统进化树。系统进化树可分为有根树和无根树，前者以外类群作为树根，后者无外类群树根。有根树的根节点为全部分类群的最近共同祖先，能够反映各分类群间的系统进化关系，而无根树仅反映出分类群间的分类关系。利用 DNA 分子序列进行植物系统进化分析是分子进化研究的必要手段。构建系统进化树的方法主要有距离法、最大简约法、最大似然法，以及贝叶斯推断法等。要解决特定植物类群间的系统进化问题，首先要挑选合理的分类群及 DNA 序列，尽量减少数据的偏倚，然后选择合适的构树方法，随后还要对结果进行评价，并给出生物学上的解释。

一、实验目的和要求

（1）学习和掌握植物分子系统进化树的构建原理及方法。
（2）能对植物分子系统进化树的拓扑结构（结果）进行可靠性评价。
（3）能对进化树上各类群间的系统演化关系进行准确评估。

二、实验内容和方法

（一）距离法

距离法是根据物种之间的进化距离进行系统进化树构建的一种方法。物种之间的进化距离一般取决于遗传模型；要根据不同 DNA 区域的进化模式选择最佳的核苷酸替换模型。一般若不考虑密码子的简并，并假定所有位点的替代速率相同，就能根据核苷酸替代模型估算出进化距离（如 JC 距离、Kimura 距离等）。

距离法中的邻位相连法（neighbor joining，NJ）是根据距离矩阵，在所有可能的拓扑结构中,选择分支长度和最小的作为最优树。通过对整个树的长度进行最小化,从而对树的拓扑结构进行限制。邻位相连法本质上是一种寻找最优拓扑结构的系统聚类算法,同时给出系统发育树的拓扑结构及分支的长度。其优点有:①可以较快地构建系统树;②适用于分析较大的数据集;③能够较方便地进行自展(bootstrap)检验。

(二)最大简约法

最大简约法(maximum parsimony,MP)最早是基于形态特征分类的需要发展而来,因算法不同而有许多版本。MP法利用的只是对简约分析能提供信息的特征。一般在DNA序列数据分析中,利用的是有序列差异(至少有2种不同类型的核苷酸序列)的核苷酸位点,这些位点称为简约信息位点。利用MP法重建系统发生树,实际上是一个对给定序列其所有可能的树进行比较的过程。对某一个可能的树,首先对每个位点祖先序列的核苷酸组成作出推断,然后统计每个位点用来阐明差异的核苷酸最小替换数目。在整个树中,所有信息简约位点最小核苷酸替换数的总和称为树的长度。比较所有可能树,选择其中长度最小的树作为最终的系统树,即最大简约树。

(三)最大似然法

最大似然法(maximum likelihood,ML)是评估所选定的进化模型能够产生实际观察到的数据的可能性。该方法明确地使用概率模型,其目标是寻找能够以较高概率产生观察数据的系统发生树。使用这种方法建树时,在每组序列比对中考虑了每个核苷酸替换的概率。例如,转换出现的概率大约是颠换的3倍。在1个3条序列的比对中,如果发现其中有1列为1个C、1个T和1个G,则认为,C和T所在的序列之间的关系更近。

设物种数为N,对位排列后DNA或氨基酸序列的长度为n,用这些序列组成的矩阵为

$$X=[X_1,X_2,\cdots,X_n]=\begin{bmatrix} X^{(1)} \\ X^{(2)} \\ \vdots \\ X^{(N)} \end{bmatrix}=\begin{bmatrix} X_{11} & X_{12} & \cdots & X_{1n} \\ X_{21} & X_{22} & \cdots & X_{2n} \\ \vdots & \vdots & & \vdots \\ X_{N1} & X_{N2} & \cdots & X_{Nn} \end{bmatrix}$$

假定不同位点的进化是独立事件,根据该数据矩阵可以进行多种不同的似然估计。

1. 计算构树数据的似然率

对于一棵给定的树,可以用可能性得分评估所做出的假设,即评价所得到的系统发生树T。对于给定的1组分类单元,假设它们的观察值为M(M为向量),可

以选择一棵树,使得 $P(M|T)$ 最大,即最大似然法。

令 t_{vu} 代表节点 v 和 u 之间的分支长度,反映的是遗传距离或者进化时间。以概率 $P_{x\to y}(t_{vu})$ 表示在时间 t_{vu} 内,从状态 x 转换到状态 y 的概率。假设有一个矩阵 M,它是关于 n 个分类单元的实际观察值,M 描述每个分类单元 m 个特征的具体取值。同时假设存在一棵树 T,其叶节点(如 v、u)对应于这些分类单元,而树中的分支代表分类单元之间的距离 t_{vu},求该树的似然值 $L=P(M|T)$。

2. 计算树与子树的似然率

设长度为 n 的部分似然率矩阵为 q,定义 $q_i=P_{ix}(t)$,这里 t 为树枝长度。有:

$$q_i = \begin{cases} \sum P_{ij}(t)Q_j & （对外部枝） \\ P_{it}(t) & （对内部枝） \end{cases}$$

式中,Q_j 为部分似然率的乘积。

3. 计算树枝长度的似然率

4. θ 的最大似然估计

θ 的最大似然为 maximize $\log L(\theta|X, T)$ $\theta \in \Theta$,θ 满足

$$\begin{cases} \left[\dfrac{\partial \log L}{\partial \theta_j}\right]_\theta^T = 0 \\ \left[\dfrac{\partial^2 \log L}{\partial \theta_j \partial \theta_h}\right]_\theta > -\infty \end{cases}$$

(四)贝叶斯法

贝叶斯法(Bayesian analysis)是采用最大似然法的基本原理,同时引入马尔可夫链蒙特卡罗模型(Markov chain Monte Carlo analysis),使得构树时间和 ML 法相比大大缩短,能够胜任大数据集的分析。该方法最终得出的一棵基因树,是一组拥有相近最大似然率树的多数合意树,该树节点在这一组树中出现的百分率是该节点后验概率的近似值,故 Bayesian 法在构建一棵基因树的同时也给出了其节点的支持率。同以往的最大似然法相比,贝叶斯法的优越性在于:能够以很高的计算速度处理大型数据集,同时还提供了衡量树可信性的有效参数——后验概率。

(五)Mrbayes 软件构建系统发生树操作步骤

启动 Mrbayes 程序,依次输入命令:

(1) Execute filename.nex,打开待分析文件,文件必须和 Mrbayes 程序在同一目录下。

(2) Lset nst=6 rates=invgamma,该命令设置进化模型为 with gamma-distributed

rate variation across sites 和 a proportion of invariable sites 的 GTR 模型。模型可根据需要更改。

（3）mcmc ngen=1000000 samplefreq=1000，保证在后面的可能性分布中（probability distribution）至少取到 10 000 个样品。默认取样频率：every 100th generation。如果分裂频率（split frequencies）的标准偏差（standard deviation）在 1 000 000 代（generations）以后低于 0.01，当程序询问："Continue the analysis?（yes/no）"，回答 no；如果高于 0.01，yes 继续直到该值低于 0.01。

（4）sump burnin=2500（在此为 10 000 个样品，即任何相当于取样的 25%的值），参数总结（summarize the parameter），程序会输出一个关于样品（sample）的替代模型参数的总结表，包括 mean、mode 和 95% credibility interval of each parameter，要保证所有参数 PSRF（the potential scale reduction factor）的值接近 1.0，如果不接近，分析时间要延长。

（5）sumt burnin=2500，总结树（summarize tree）。程序会输出一个具有每一个分支的 posterior probabilities 的树，以及一个具有平均支长（mean branch lengths）的树。这些树会被保存在一个可以由 treeview 等读取的树文件中。

（六）系统发生树的可靠性检验

在系统发生推断中，常采用一定的统计检验来分析获得的系统发生树的可靠性。一种是利用某一参量来对所获得树及其相近树进行结构差异检验。在 ML 法中常利用似然值，而在最小进化法中则利用所有支的总长度进行。这种方法是一种保守检验，而且检验的程序非常复杂，需要很大的计算机内存。另一种是分析每个内支可靠性，其中常用的方法有：①标准误估计，即计算内支长度及其标准误，检验内支长度与 0 间的偏差，得到一个置信概率（confidence probability，CP），CP 值越高，支的长度也就越可靠。通常，当 CP≥0.95 或 0.99 时，可认为该支的长度在统计上有效。②自举检验（bootstrap test），这是一种重抽样技术，可用来估计在不知道或难以分析得到取样分布的情况下内支与统计有关的变异性。通过自举检验，可得到一个自举置信水平（bootstrap confidence level，BCL）。计算机模拟表明，当 BCL＞0.9 时，CP 值与 BCL 值二者非常相近，认为结果可靠。

三、思考题

（1）植物分子系统进化树的构建同源序列应该如何选取？
（2）如何选择适合于某一组分子序列的进化模型？
（3）如何对植物分子系统进化树进行可靠性评估？

主要参考文献

冯燕妮，李和平. 2013. 植物显微图解. 北京：科学出版社

高信曾. 1987. 植物学（形态、解剖部分）. 北京：高等教育出版社

何凤仙. 2000. 植物学实验. 北京：高等教育出版社

黄修梅，郝丽珍，胡宁宝，等. 2008. 沙芥花粉萌发特性和柱头可授性的研究. 园艺学报，35（10）：1473～1478

李和平. 2009. 植物显微技术. 北京：科学出版社

林宏辉，唐琳，白洁，等. 2011. 植物生物学实验. 北京：高等教育出版社

刘自刚，呼天明，杨亚丽，等. 2011. 桔梗花粉萌发与花粉管生长研究. 植物研究，31（3）：271～276

陆时万，徐祥生，沈敏健. 1991. 植物学（上册）. 二版. 北京：高等教育出版社

马炜梁，王动芳，李宏庆. 2009. 植物学. 北京：高等教育出版社

阮成江，何祯祥，周长芳. 2005. 植物分子生态学. 北京：化学工业出版社

王玛丽. 2000. 植物学实验及实习指导. 西安：西北大学出版社

吴国芳，冯志坚，马炜梁，等. 1992. 植物学（下册）. 二版. 北京：高等教育出版社

薛俊杰，张震云，弓春瑞，等. 2000. 几种木本豆科植物的过氧化物酶和多酚氧化酶同工酶研究. 山西农业大学学报，20（1）：55～58

杨继，郭友好，杨雄，等. 1999. 植物生物学. 北京：高等教育出版社

姚家玲. 2009. 植物学实验. 北京：高等教育出版社

叶创兴，朱念德，廖文波，等. 2011. 植物学. 北京：高等教育出版社

赵桂仿. 2009. 植物学. 北京：科学出版社

赵鹏，Woeste K E，程飞，等. 2012a. 美国黑核桃SSR反应体系优化. 植物研究，32（2）：213～221

赵鹏，Woeste K E，张存旭，等. 2012b. 美国和日本核桃RAPD-PCR反应体系优化. 中南林业科技大学学报，32（3）：129～135

周云龙. 2004. 植物生物学. 北京：高等教育出版社

邹春静，盛晓峰，韩文卿，等. 2003. 同工酶分析技术及其在植物研究中的应用. 生态学杂志，22（6）：63～69

Buchanan B B, Gruissem W, Jones R, et al. 2004. 植物生物化学与分子生物学. 瞿礼嘉，顾红雅，白书农，等译. 北京：科学出版社

Chevreau E, Manganaris A G, Gallet M. 1999. Isozyme segregation in five apple progenies and potential use for map construction. Theoretical and Applied Genetics, 98：329～336

Cox B C, Moore P D. 2010. Biogerography—An Ecological and Evolutionary Approach. USA. Wiley Press

Dangel G S, Woeste K, Aradhya M K, et al. 2005. Characterization of 14 microsatellite makers for gerefic analysis and cultivar identification of walnut. Journal of American Society Horticuture Science, 130：348～354

Dickison W C. 2000. Integrative Plant Anatomy. San Diego：Acadamic Press

Doyle J J, Poyle J L. 1987. A rapid DNA isolation procedure for small quantities of fresh leaf tissue. Phytochem Bull, 19（1）：11～15

Judd W S, Campbell C S, Kellogg E A, et al. 2012. 植物系统学. 李德铢，王红，郭振华，等译. 北京：高等教育出版社

Kalinowski S T, Taper M L, Marshll T C. 2007. Revising how the computer program CERVUS accommodatesgenotyping error increases success in paternity assignment. Molecular Ecology, 16: 1099~1106.

Konovalov D A, Mannig C, Henshaw M. 2004. Kingroup: a program for pedigree relationship reconstructionand kin group assignments using genetic markers. Molecular Ecology Notes, 4 (4): 770~782

Mauseth J D. 1995. Botany. Philadelphia: Saunder College Publishing

Miño C I, Sawyer G M, Benjamin R C, et al. 2009. Parentage and relatedness in captive and naturalpopulations of the *Roseate Spoonbill* (Aves: Ciconiiformes) based on microsatellite data. Journal of Experimental Zoology, 311: 453~464

Raghavan V. 2000. Developmental Biology of Flowering Plants. New York: Speringer-Verlag

Raven P H, Eichorn S E, Evert R F. 2005. Biology of Plants. New York: W. H. Freeman and Company

Ridge L. 2002. Plants. Oxford: Oxford University Press

Robichaud R L, Glaubitz J C, Rhodes O E, et al. 2006. A robust set of black walnut microsatellites forparentage and clonal identification. New Forests, 32: 179~196

Stern K R, Bidlack J E, Jansky S H, et al. 2003. Introductionary Plant Biology. 9th ed. New York: MeGraw-Hill

Victory E R, Glaubit J C, Rhodes O E, et al. 2006. Genetic homogeneity in *Juglans nigra* (Juglandaceae) at nuclear microsatellites. American Journal of Botany, 93 (1): 118~126

Woeste K, Burns R, Rhodes O, et al. 2002. Thirty polymorphic nuclear microsatellite loci from black walnut. The Journal of Heredity, 93 (1): 58~60

附 录

附录一　染色原理
附录二　常用试剂的配制和使用
附录三　常用缓冲液的配制

附 录 一

染 色 原 理

（一）碘-碘化钾溶液（I_2-KI）

用于淀粉的显色。淀粉的成分包括直链淀粉与支链淀粉。直链淀粉由D-葡萄糖残基通过α-1,4-糖苷键连接而成，在二级结构上，呈现螺旋结构（每个螺旋包含6个葡萄糖）。碘分子通过与葡萄糖上暴露的侧链羟基发生作用而进入螺旋结构中并形成络合物。这种络合物所呈现的颜色与淀粉的分子质量大小有关。直链淀粉经常由200个以上的葡萄糖聚合而成，与碘形成的络合物呈现蓝色。支链淀粉支链上的直链淀粉平均包含20个左右的葡萄糖，分子质量小，其络合物呈紫色。更小分子质量的络合物则呈现红色、淡红色。因此，淀粉与碘的显色反应会根据不同的淀粉成分而呈现不同的颜色。本书实验中的材料直链淀粉含量高，因此，络合物呈现蓝色。其中碘化钾的作用是增加碘的溶解度。

（二）孚尔根（Feulgen）反应的基本原理

在60℃条件下，1mol/L HCl使DNA分子中脱氧核糖与嘌呤之间的连接打开，脱氧核糖的一端形成醛基（—CHO）。醛基能与Schiff试剂反应生成紫红色产物。在弱酸性条件下，RNA并不发生水解，故染色具有DNA特异性。

Schiff试剂　　　　　　　紫红色产物

应用孚尔根反应基本原理的实验方法如下。

（1）取新鲜的蚕豆根尖组织及拟南芥花药，在卡诺（Carnoy）固定液中固定过夜。

（2）蒸馏水洗3次后，加入1mol/L的HCl于60℃处理10min。

（3）用蒸馏水漂洗几次后，放入 Schiff 试剂中静置 30~60min，可随时检查显色情况。

（4）待染色完成后，用蒸馏水漂洗 Schiff 试剂，后置于载玻片上观察。

（5）为了便于观察，最好能使细胞在载玻片上平铺展开。因此，用笔头轻轻敲打盖玻片，有利于细胞的展开。

附 录 二

常用试剂的配制和使用

（一）30% KOH-甲醇溶液

用 250mL 的烧杯称 60g KOH，慢慢加入甲醇，在通风橱中进行，不断搅拌，待完全溶解后，最后加甲醇至烧杯 200mL 刻度线即可。该试剂要现配现用。

（二）6mol/L HCl（HCl∶H_2O = 1∶1）

等量的浓 HCl 加上等量的蒸馏水。

（三）10%乙酸

10mL 的冰醋酸中加入 90mL 的蒸馏水。

（四）10%氨水

10mL 的氨水中加入 90mL 的蒸馏水。

（五）0.02%的硼酸溶液

0.1g 硼酸溶解于 500mL 的蒸馏水中。

（六）10%的蔗糖溶液

10g 蔗糖用 80mL 的蒸馏水溶解，最后用蒸馏水定容至 100mL。

（七）1%的番红水溶液

称 1g 番红，溶解于 100mL 的蒸馏水中。

（八）1%的碘-碘化钾溶液

碘、碘化钾各 1g 溶于 100mL 的蒸馏水中。

(九) 间苯三酚试剂

取间苯三酚 1g, 加 90%乙醇 5mL 溶解后, 加甘油 5mL, 摇匀即得。用于鉴别木质化细胞壁, 应用时先加 1～2 滴于检体, 约 1min 后, 加盐酸 1 滴, 木质化细胞壁因木质化程度不同而呈红色或紫红色。

(十) 苏丹Ⅲ试液

取苏丹Ⅲ 0.01g, 加 90%乙醇 5mL 溶解后, 加甘油 5mL, 摇匀, 贮藏于棕色玻璃瓶中, 保存期 2 个月。本试液能使角质化和木栓化细胞壁显红色或橙红色, 使脂肪油、挥发油或树脂显橙红色、红色或紫红色。

(十一) 钌红试液

取 10%乙酸钠溶液 1～2mL, 加钌红适量使呈酒红色。用试液应临时新配, 可使细胞壁中果胶质、黏液显红色。

(十二) 固绿染液

固绿是一种酸性染料, 可使纤维素的细胞壁和细胞质染成绿色, 在植物组织制片中, 常与番红对染。取固绿 0.1g 溶于 95%乙醇 100mL 中, 过滤后使用。

(十三) 苯胺蓝染色液

取苯胺蓝 0.005g, 溶解在 100mL 的 50%乙醇中, 24h 后即可使用。该染色液用于染色胼胝质, 普通光学显微镜下胼胝质被染成蓝色。紫外线激发的荧光显微镜下, 胼胝质呈明亮的黄绿色荧光。

(十四) Ringer 溶液

氯化钠 8.5g, 氯化钙 0.12g, 碳酸氢钠 0.20g, 氯化钾 0.14g, 磷酸氢二钠 0.01g, 葡萄糖 2.0g, 溶解于 1000mL 蒸馏水中。

(十五) 中性红溶液配制

1%中性红溶液: 称取 0.5g 中性红溶于 50mL Ringer 溶液。由于中性红不易溶解, 要稍加热 (30～40℃), 使之很快溶解, 用滤纸过滤, 装入棕色瓶于暗处保存。否则易氧化沉淀, 失去染色能力。

1/3000 中性红溶液: 临用前取 1%中性红溶液 1mL 加入 29mL Ringer 溶液混匀, 装入棕色滴瓶备用。

（十六）1/5000 浓度的 Janus green B 染色液

称取 0.5g Janus green B 溶于 50mL Ringer 溶液中，稍加微热（30~40℃）使之很快溶解，用滤纸过滤后，即为 1%原液。取 1%原液 1mL 加入 49mL Ringer 溶液中，即成 1/5000 工作液，装入滴瓶中备用。最好用时现配，以保持它的充分氧化能力。

（十七）FAA 固定液

福尔马林（38%甲醛）5mL、冰醋酸 5mL、70%乙醇 90mL。幼嫩材料用 50%乙醇代替 70%乙醇，可防止材料收缩；还可加入甘油 5mL，以防止蒸发和材料变硬。此固定兼有保存剂的作用。

（十八）4%多聚甲醛溶液

称取 0.4g 多聚甲醛于 10mL PBS（pH 7.4）溶液中，65℃下溶解。4%多聚甲醛溶液是常用的固定剂，需现配现用。

（十九）DAPI 染色液

4′, 6-二脒基-2-苯基吲哚（4′, 6-diamidino-2-phenylindole，简称 DAPI）是一种高灵敏度、特异性强的 DNA 荧光染料。DAPI 对生活细胞无明显损伤，能够追踪细胞核、染色体和 DNA 分子的动态变化。DAPI 本身仅具弱的荧光，但它与 DNA 结合成 DAPI-DNA 复合体后，荧光强度骤然上升。DNA 浓度越高，复合物发射出的荧光越强，在一定范围内二者呈现出近似直线关系。

（二十）DAPI 储液

称取 0.5mg DAPI 溶于 5mL PBS（pH 7.4）溶液中，分装后存于-20℃条件下。

（二十一）DAPI 工作液

0.1μg/mL，将 DAPI 储液用 PBS 溶液稀释 1000 倍即可。

（二十二）稀释的乙醇

实验室中常备各级浓度的乙醇，如 30%、50%、70%、85%、95%。常用 95%乙醇和蒸馏水配制而成（不得用纯乙醇）。其稀释方法如下：先将已知浓度的乙醇倒入量筒，其体积与将要稀释得到的乙醇浓度相等；然后将蒸馏水加入到与先前高浓度乙醇的百分浓度值一样为止。如用95%乙醇稀释为30%乙醇，量筒中先倒入95%乙醇30mL，然后用蒸馏水加至 95mL，即得 30%乙醇。再如用 70%乙醇稀释为 35%时，可将 35mL 的 70%乙醇先倒入量筒，再加蒸馏水至 70mL 为止，即得 35%的乙醇。

（二十三）3mol/L 乙酸钠

组分浓度 3mol/L 乙酸钠（pH 5.2），配制量 100mL。配置方法：称取 40.8g $NaOAc·3H_2O$ 置于 100～200mL 烧杯中，加入约 40mL 的去离子水搅拌溶解；加入冰醋酸调节 pH 至 5.2；加入去离子水将溶液定容至 100mL。

（二十四）0.5mol/L EDTA

组分浓度 0.5mol/L EDTA（pH 8.0），配制量 1L。配置方法：称取 186.1g $Na_2EDTA·2H_2O$，置于 1L 烧杯中；加入约 800mL 的去离子水，充分搅拌；用 NaOH 调节 pH 至 8.0（约 20g NaOH）。注意：pH 至 8.0 时，EDTA 才能完全溶解；加去离子水将溶液定容至 1L；适量分成小份后，高温高压灭菌；室温保存。

（二十五）5 mol/L NaCl

组分浓度为 5mol/L NaCl，配制量 1L。配置方法：称取 292.2g NaCl 置于 1L 烧杯中，加入约 800mL 的去离子水后搅拌溶解；加去离子水将溶液定容至 1L 后，适量分成小份；高温高压灭菌后，4℃保存。

（二十六）4mol/L LiCl

组分浓度为 4mol/L LiCl，配制量 200mL。配置方法：称取 48.33g LiCl 置于 500mL 烧杯中，加入约 150mL 的去离子水后搅拌溶解；加去离子水将溶液定容至 200mL 后，适量分成小份；高温高压灭菌后，4℃保存。

（二十七）$AgNO_3$ 的配制

量取 $AgNO_3$ 原液 2500μL；将 250mL dd H_2O 和 2500μL $AgNO_3$ 加入胶玻片上（$AgNO_3$ 原液的配制：50mL 中含 $AgNO_3$ 7.5g，浓度为 0.15g/mL）。

（二十八）溴化乙锭（10mg/mL）

组分浓度 10mg/mL 溴化乙锭，配制量 100mL。称取 1.0g 溴化乙锭，加入到 200mL 容器中；加入去离子水 100mL，充分搅拌数小时完全溶解溴化乙锭；将溶液转入棕色瓶，室温避光保存；溴化乙锭最终工作浓度为 0.5μg/mL。

（二十九）蛋白酶 K（20mg/mL）

将 200mg 的蛋白酶 K 加入到 9.5mL 水中，轻轻摇动，直至蛋白酶 K 完全溶解。不要涡旋混合。加水定容到 10mL，然后分装成小份贮存于–20℃条件下。

（三十）RNase（无 DNase，DNase-free RNase）（10mg/mL）

溶解 10mg 的胰蛋白 RNA 酶于 1mL 的 10mmol/L 的乙酸钠水溶液中（pH5.0）。溶解后于水浴中煮沸 15min，使 DNA 酶失活。用 1mol/L 的 Tris-HCl 调 pH 至 7.5，于 –20℃ 贮存（配制过程中要戴手套）。

（三十一）牛血清蛋白（10mg/mL）

加 100mg 的牛血清蛋白（组分 V 或分子生物学试剂级，无 DNA 酶）于 9.5mL 水中（为减少变性，须将蛋白质加入水中，而不是将水加入蛋白质），盖好盖后，轻轻摇动，直至牛血清蛋白完全溶解为止。不要涡旋混合。加水定容到 10mL，然后分装成小份贮存于 –20℃ 条件下。

（三十二）$MgCl_2$（1mol/L）

溶解 20.3g $MgCl_2·6H_2O$ 于足量的水中，定容到 100mL。

（三十三）10% SDS（十二烷基硫酸钠）

称取 100g SDS 慢慢转移到约含 0.9L 水的烧杯中，用磁力搅拌器搅拌直至完全溶解。用水定容至 1L。

（三十四）2.5% X-gal（5-溴-4-氯-3-吲哚-β-半乳糖苷）

溶解 25mg 的 X-gal 于 1mL 的二甲基甲酰胺（DMF），用铝箔包裹装液管，贮存于 –20℃ 条件下。

（三十五）其他试剂

NaCl、石油醚（60～90℃）、丙酮、$MgCO_3$、乙酸铜 $Cu(Ac)_2$ 等试剂由学生根据具体情况添加。

附录三

常用缓冲液的配制

（一）磷酸缓冲液（PBS）

贮备液 A：0.2mol/L 磷酸二氢钠（$NaH_2PO_4 \cdot H_2O$ 27.8g 配成 1000mL）。

贮备液 B：0.2mol/L 磷酸氢二钠（$Na_2HPO_4 \cdot 7H_2O$ 53.65g 或 $Na_2HPO_4 \cdot 12H_2O$ 71.70g 配成 1000mL）。

0.1mol/L 磷酸缓冲液配制：x mL 贮备液 A + y mL 贮备液 B，稀释至 200mL。

pH	x	y	pH	x	y
5.7	93.5	6.5	6.9	45.0	55.0
5.8	92.0	8.0	7.0	39.0	61.0
5.9	90.0	10.0	7.1	33.0	67.0
6.0	87.7	12.3	7.2	28.0	72.0
6.1	85.0	15.0	7.3	23.0	77.0
6.2	81.5	18.5	7.4	19.0	81.0
6.3	77.5	22.5	7.5	16.0	84.0
6.4	73.5	26.5	7.6	13.0	87.0
6.5	68.5	31.5	7.7	10.5	89.5
6.6	65.5	37.5	7.8	8.5	91.5
6.7	56.5	43.5	7.9	7.0	93.0
6.8	51.0	49.0	8.0	5.3	94.7

（二）巴比妥酸缓冲液

贮备液 A：0.2mol/L 巴比妥钠（$NaC_8H_{11}N_2O_3$ 41.2g 配成 1000mL）。

贮备液 B：0.2mol/L 盐酸（浓盐酸 17.1mL 稀释成 1000mL）。

xmL 贮备液 A + y mL 贮备液 B，稀释至 200mL。

pH	x	y	pH	x	y
6.8	50.0	45.0	8.2	50.0	12.7
7.0	50.0	43.0	8.4	50.0	9.0
7.2	50.0	39.0	8.6	50.0	6.0
7.4	50.0	32.5	8.8	50.0	4.0
7.6	50.0	27.5	9.0	50.0	2.5
7.8	50.0	22.5	9.2	50.0	1.5
8.0	50.0	17.5			

（三）Tris 缓冲液

贮备液 A：0.2mol/L 三羟甲基氨基甲烷（$C_4H_{11}NO_3$ 24.2g 配成 1000mL）。
贮备液 B：0.2mol/L 盐酸（浓盐酸 17.1mL 稀释成 1000mL）。
xmL 贮备液 A+y mL 贮备液 B，稀释至 200mL。

pH	x	y	pH	x	y
7.2	50.0	44.2	8.2	50.0	21.9
7.4	50.0	41.4	8.4	50.0	16.5
7.6	50.0	38.4	8.6	50.0	12.2
7.8	50.0	32.5	8.8	50.0	8.1
8.0	50.0	26.8	9.0	50.0	5.0

（四）CTAB 提取液配方

称取 CTAB（十六烷基三甲基溴化铵）4g；称取 NaCl 16.364g；放入 250mL 烧杯中，然后加入 1mol/L Tris-HCl 20mL（pH 8.0）；0.5mol/L EDTA 8mL，先用 70mL ddH$_2$O 溶解，再定容至 200mL 灭菌；冷却后加入 0.2%～1%的 β-巯基乙醇，然后加入 400μL 氯仿-异戊醇溶液（24∶1）：先加 96mL 氯仿，再加 4mL 异戊醇，摇匀即可。

（五）提取 RNA 配方

2% CTAB（W/V）；2%聚乙烯吡咯烷酮（PVP，W/V）；100mmol/L Tris-HCl（pH 8.0，DEPC 处理的水配制）；25mmol/L EDTA；0.5g/L 亚精胺；2.0mol/L NaCl；2% 巯基乙醇（V/V，使用前加入）；由于在高温灭菌条件下，Tris-HCl 要和 DEPC 发生反应，因此配 RNA 提取缓冲液时直接用 DEPC 处理的水配制即可。

（六）TBE 电泳母液（10×）的配制

（1）分别称取 54g Tris 碱，27.5g 硼酸，20mL 0.5mol/EDTA（pH 8.0）。
（2）将各组分别加入 1L 烧杯中，用 ddH$_2$O 定容到 1L。
（3）在电泳时使用 1 倍工作液，按 1∶4 与水混合。
（4）1 倍液是为了增加电泳工作液的电流的电流量。
（5）盛于玻璃瓶，在室温保存。

（七）TE 缓冲液（用于悬浮和贮存 DNA）

配制 1×TE（pH 8.0）100mL：加 1mol/L Tris-HCl（pH 8.0）1mL 至 200mL 烧杯，再加 0.5mol/L EDTA（pH 8.0）0.2mL，然后用超纯水定容至 100mL。

（八）5×Tris-硼酸（TBE）缓冲液

称取 54g Tris 碱至 1L 烧杯中，加入 27.5g 硼酸，20mL 的 0.5mol/L EDTA（pH 8.0），然后用超纯水溶解，定容至 100mL。